和果子
WAGASHI

王 森·主 编

张婷婷 栾绮伟·副主编

向邓一 霍辉燕 于 爽·参编人员

中国轻工业出版社

图书在版编目（CIP）数据

和果子 / 王森主编. — 北京：中国轻工业出版社，
2020.6

ISBN 978-7-5184-2928-8

Ⅰ. ①和… Ⅱ. ①王… Ⅲ. ①糕点 – 制作 – 日本
Ⅳ. ①TS213.23

中国版本图书馆CIP数据核字（2020）第038553号

责任编辑：马　妍

策划编辑：马　妍　　责任终审：张乃柬　　版式设计：锋尚设计
封面设计：王超男　　责任校对：晋　洁　　责任监印：张　可

出版发行：中国轻工业出版社（北京东长安街6号，邮编：100740）
印　　刷：北京富诚彩色印刷有限公司
经　　销：各地新华书店
版　　次：2020年6月第1版第1次印刷
开　　本：787×1092　1/16　印张：11.5
字　　数：180千字
书　　号：ISBN 978-7-5184-2928-8　定价：68.00元
邮购电话：010-65241695
发行电话：010-85119835　传真：85113293
网　　址：http://www.chlip.com.cn
Email：club@chlip.com.cn
如发现图书残缺请与我社邮购联系调换
191151S1X101ZBW

序

和果子被称为日本饮食之花，是日本传统饮食文化中的瑰宝。她的灵感源于自然四季，基于人们的智慧和生活而被创造出来，是日本职人手作艺术之美的集中体现。

春夏秋冬，四季轮转，和果子在每个季节都有其特殊的表达方式。几个简单的工具，几种常见的材料，甚至都十分家常，通过双手的巧妙转化就能将寓意表达。而且，和果子的制作时间通常都不长。

和果子制作不难，但也不易。相比较于西式点心，它更需要心意与细致。心意是和果子的神，细致是和果子的形。和果子的形是万千的，因为手作，世界上没有完全相同的两只和果子，所以大家的创造便是制作而成的和果子的形。

本书中挑选了多位日本和果子讲师和人气和果子店主的经典配方。为了使大家更好地理解和果子的文化和内涵，本书中将和果子的制作分为四季果子和常备果子，以便更好地体现和果子的四季之美。书中详细介绍了制作和果子的工具以及对应的手法演练，对常用的食材制作也做了重点说明，这些对大家理解和果子会有很大帮助，懂得了这些基础，相信大家一定能制作出独特的和果子。

和果子制作虽然源于传统，但是制作上一直追求与时俱进。作为手作艺术，它的美也来自每一个职人背后的不懈坚持和创新。希望本书除了给大家带来精品和果子的制作方法外，也能将其背后的日本传统职人的工匠精神传递给大家。

最后，特别感谢世界名厨学院院长Jean-Francois Arnaud、和泉光一、名誉院长中村勇、户边麻里子、三纳宽之、福本圭佑、Yuimico组合、土江徹等多位老师对本书的指导，衷心感谢来自世界各地的百余位烘焙艺术大师对王森世界名厨学院的支持，以及对中国烘焙的助力。

目　录

和果子名字的由来

最初的时候，日本的"果子"指代的是干果和水果。有些水果，比如柞树和橡树的果实，太过涩口，难以下咽，所以当时的人们就试着将它们碾碎，再过水去除涩味。果实的粉末可以用水调和成糊状，日本人将其搓圆后食用，这就是最初的"团子"。

果子的发展与甜味剂的发展息息相关。日本的砂糖是由国外传入的，在此之前，制作果子使用的是一种名叫"甘葛煮"的甜味剂，据说是将植物的根茎碾碎后熬干制成的，在古代的日本也是非常昂贵的一种食材。

到了中国唐代时，中日之间的往来增多，唐果子传入了日本。唐果子形状各异，有的是用糯米做成的，有的是用面粉和粳米，加工方式也有蒸和油炸等多种形式。唐果子的传入，对于日本和果子的形状和做法都具有非常大的影响。除了唐果子，佛教和茶也是日本果子发展的又一重要助推力量。

日本的饮食文化深受茶道的影响。在日本的室町时代，人们在举行茶道时，会以点心作为辅餐，这些点心就是果子。茶道的盛行也丰富了果子种类，促进了技术创新。之后的江户时代是日本历史上一个较和平的时期，那段时间果子的发展更为迅速。

明治时代前后，西方的饮食文化开始传入日本，日本人为了区分西洋点心与日本传统点心，将前者称为"西洋果子"，将后者称为"和果子"。

和果子的"五感"与"四季"

在日本，"旬之味"表现在各种饮食类别中。日本人对季节更替特别敏感，每个季节有三个层次，比如说春天有初春、仲春、晚春，还有二十四节气、七十二候，这与我们中国是相似的。很多和果子店面的售卖产品基本上都是根据季节来变换菜单。

和果子是一种手作艺术，它的发展离不开日本人对茶道的精致追求。和果子与茶是经典搭配，是日本人含蓄美与精致美的一种完美呈现。和果子的艺术美可以从5个方面来解说，分别是味觉、触觉、嗅觉、视觉、听觉，即五感，所以和果子又称"五感艺术"。视觉从眼入心、味觉从口入心、嗅觉从鼻入心、触觉从手入心、听觉从耳入心，前面四觉都比较好理解，而听觉之美则是来自和果子的名字。很多和果子的名字来自日本的俳句，来自日本人对自然四季的感悟。

俳句发展自中国古代汉诗的绝句，是日本的一种古典短诗，由十七字音（日文假名）组成，遵循五七五的形式。俳句中大都含有季语，也有无季语的"无季俳句"。季语是指用词语来表示春、夏、秋、冬及新年的季节感，词语可以直接或间接地突出季节，可以是立秋、梅雨等气候用语，也可以是雪、樱花、牡丹、夜莺等动植物。

俳句的美与中国诗词不同。我国古代诗人会对政治、抱负、修养、社会等抒发观点，而俳句的内容几乎都是作者的情感诉说，关注生活点滴，并用短句十七音精炼概括，被认为是最短的小说。

写俳句的人被称为俳人，他们大都乐享茶道，喜欢禅修，追求寂静、物哀、一念一动。俳句作为日本特有的诗歌文化，是日本人性格的哲学体现，即严谨、认真、极致，对季语的执着也体现了日本人对自然的尊重和热爱。和果子作为禅修、茶道发展中的重要组成部分，"其名"很多来自季语，"其做"也深受俳人艺术文化的影响，它的艺术之美同样是日本人性格的实物折射。

除了俳句，和果子的名字也多来自四季中的植物、动物，或者以故事、古迹、传说、和歌为名。

注：俳句经过汉语翻译之后，为了语句工整和语义通顺，很多时候在形式上是有所改变的。

常用食材简介

1. 红豆

日本人认为红豆是"阳力"的食物，即红豆具有太阳的力量，并且红豆颜色艳丽，常用来做成红豆饭用作节日庆祝。除了模样讨喜外，红豆馅不黏腻的口感也是作为和果子常用食材的重要原因。红豆可以做成粒馅，也可以做成沙馅，前者带皮、能看到红豆颗粒，后者不带皮、整体呈沙状。

2. 白芸豆

芸豆类食材常用的是白扁豆、白花豆、白小豆等，本书中用到的大多数是白扁豆。

3. 其他豆制品

为了更加形象地表现各种时节的动物和植物，在制作馅料时也会考虑到馅料的颜色，比如可以用青豌豆做青色的皮馅，红豌豆常用来做豆大福和豆羹。

4. 米粉

米粉的制作来源有两大类：粳米和糯米粉。

生糯米加工产品

　　水磨糯米粉：先将糯米洗净，加水磨成浆，再多次沉淀，然后进行脱水、干燥制成。

　　干磨糯米粉：也称求肥粉，是将糯米清洗干净，先脱水再磨细。比较细腻的干磨糯米粉也称为白玉粉、羽二重粉。

糯米清洗 → 加水磨成浆 → 多次沉淀 → 脱水 → 干燥 → 水磨糯米粉

糯米清洗 → 糯米脱水 → 磨细 → 干磨糯米粉

熟糯米加工产品

道明寺粉：将糯米清洗干净，浸泡到水中，再蒸熟、晒干，然后碾磨成粉，粉粒有大小之分。常用来制作椿饼、道明寺樱饼等。

寒梅粉：将糯米清洗干净，浸泡到水中，再蒸熟、捣成米糕、烤干，最后磨成粉。

上南粉：将糯米清洗干净，浸泡到水中，再蒸熟、捣成米糕，磨成粉。

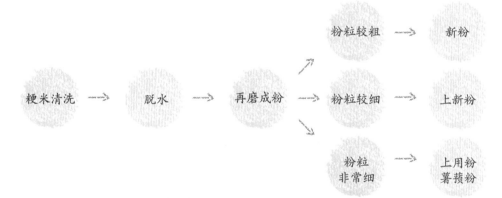

粳米加工产品

上新粉：先将粳米清洗干净，脱水，再磨成粉（磨的过程中会加入少量的水）。根据粉粒的粗细又分若干级别，其中粉粒较粗的称为新粉，较细的称为上新粉，非常细的称为上用粉、薯蓣粉。常用于制作柏饼、草饼、团子等。

5. 糖

糖能够提供甜味，这是对于和果子最重要的作用之一。除此之外，糖能够吸附和果子中的水分，减少和果子内部自由水，减少细菌滋生。另外，一些烘烤类的和果子，也利用了糖能与氨基酸发生褐变反应（海藻糖除外），使物体产生焦黄色，制成好看的表面颜色，比如说铜锣烧。

日本和果子常用糖有上白糖（砂糖）、海藻糖、黑糖、和三盘糖、葡萄糖浆。

上白糖（砂糖）：上白糖含有1.5%左右的转化糖浆，粉质也更细，能给产品提供更好的保湿性能和上色功能。本书中用到的砂糖多是上白糖。

　　海藻糖：针对和果子的高甜度问题，随着现代人们对健康的追求，另外一种糖被大家持续关注，即海藻糖。海藻糖的甜度是砂糖的45%，它广泛存在于我们日常的食材中，比如蘑菇、海藻等。海藻糖的甜度适中，与原材料调和后，能保持被调材料的原有风味，保持低甜度，更容易被食用者接受。在人体内消化吸收速度比砂糖的吸收率慢，不会引起食后血糖升高。对于糖尿病、高血糖的患者来说是比较好的食用糖类。但是海藻糖具有非还原性，在与氨基酸、蛋白质共存时，即使加热也不会发生褐变反应（美拉德反应），在选择时需要注意这一点。

　　黑糖：具有非常独特的风味，营养价值很高，颜色较深。不过各地产的黑糖品质不一样，使用时注意用量的调整。

　　和三盘糖：在中国国内较少能够看到和三盘糖，但是在日本是和果子的常用材料。和三盘糖是将甘蔗制成的粗糖通过多次水冲来达到除去杂质的效果，一般是三次，这个过程称作"研"，因其三次过滤，所以称为和三盘糖。

　　葡萄糖浆：葡萄糖浆主要用于馅料的制作，起到增大馅料黏性的作用，同时可以调节馅料的稠稀度。

Q&A

为什么和果子的馅料都很甜呢?

　　很多制作和果子的皮都不能受潮，否则和果子不易成形。所以对包入馅料的水分就有一定的要求。为了避免馅料的水分过多，就需要加很多的糖。

6. 凝结剂

本书中使用较多的凝结剂是寒天。

寒天是从藻类中提取黏性物质，再加工制成膳食纤维产品。它是一种天然凝结剂，这个和我们制作甜点中使用的吉利丁是不一样的，吉利丁是属于动物性蛋白质。

寒天来自琼脂，是由琼脂经过再加工除去水分而制成的高纤维产品，对于两者之间的关系，可以简单地理解为：寒天加了水就是琼脂。根据寒天含水量的高低，寒天又分为高强度寒天和低强度寒天，具体使用时要根据产品质量对用量进行增减。

常用工具及手法演练

常用制作工具

铜锅

  主要用于馅和皮面的加热混合，它的主要优点是传热速度非常快，避免蔗糖在加热过程中因为长时间加热而产生焦化现象。

木铲

  主要用于馅和皮面的混合、翻拌。其不易对锅造成伤害，也不导热。

常用造型工具及手法

1. 三角棒

  三棱柱形的工具，三条棱分别是细线、粗线和双重线，也称锐线、R线、双重线，有的三角棒的一端带有菊芯棒的功能，是手作和果子的常用工具。使用时，一手拿三角棒，一手拿果子，用三角棒的棱角在果子上压出痕迹，常用做花瓣、花心、树枝等表面压痕。棱角压下去的深度需要根据每种果子的具体情况而定。

  使用三角棒时，一般的运动轨迹是从和果子的下部向表面移动，角度和深度根据每个果子的成品特点而定。同时，三角棒的多面及棱角也可以帮助果子更好地塑形。

带有菊芯的单头和双头三角棒

单头菊芯的三角棒

经典三角棒

<u>侧面示例</u>

1. 将果子搓成想要的形状，一般从侧面看接近等腰梯形和锥形，从上面看是圆形。

2. 左手拿果子，右手拿三角棒，从下部位开始往上进行带有弧度的运动。图示中三角棒上端与果子呈钝角。

3. 继续弧度移动，图示中三角棒上端与果子表面呈直角。

4. 继续弧度移动，图示中三角棒上端开始与果子表面呈锐角。

5. 继续弧度移动，图示中三角棒上端与果子表面的夹角已经越来越小了。

6. 成形。

<u>正面示例</u>

1. 果子制型。

2. 根据成品特点选择三角棒的开始角度。

3. 从下部位开始往上移动三角棒。

4. 逐渐缩小三角棒上端与果子表面的夹角。

5. 三角棒上端与果子表面夹角接近零。

6. 成形。

<u>三角棒打磨</u>

1. 果子基本成形。

2. 利用三角棒的棱面，选择角度开始打磨。

3. 慢慢移动，注意力度要轻。

4. 三角棒可以使果子的棱角更加分明，也使果子表面更加光滑。

---

2. 花蕊棒等多型造型棒

有特定造型功能的工具，圆头的筷子有时也可以用来做果子造型。

花蕊棒： 形状有大有小，有粗有细，近似长柱形，两端带有圆润的弧度。可以用来制作花型果子的中心凹槽，较细的也可以做一些简单的拼接工作。

豆形棒： 两端是带有弧度的小豆形状的工具。使用时从皮面的一个点到另一个点运动，做出曲线的水滴形，例如使用豆形棒垂直往下推出花瓣。

圆形木棒： 在果子表面使用圆形木棒压出凹槽。

<u>花蕊棒1</u>

压出凹槽。

<u>豆形棒</u>

两端带有弧度的小豆形状工具。使用时从皮面的一个点到另一个点运动，做出曲线的水滴形，例如使用豆形棒垂直往下推出花瓣。

<u>圆形木棒</u>

压出凹槽。

<u>圆头筷子</u>

拼接花蕊。

如果是比较大的凹槽，可以使用类似鸡蛋外形的木鸡蛋来制作。

木鸡蛋　　　　　　木鸡蛋压出凹槽

3. 剪刀、镊子+毛刷

在和果子制作中，三角棒能压出花瓣纹路，都是较平面的，镊子可以剪出更为立体的花瓣外形，一般大花瓣用剪刀，小花瓣用镊子。剪出的花瓣可能会带有毛边和碎屑，用毛刷可以很好地帮助花瓣平整顺滑。

示例

1. 用剪刀围绕底层由下往上剪切出花瓣，剪切的每一瓣花瓣，都在上一层两瓣花瓣中间处，花瓣每层都比底下一层小一号。
2. 用镊子围绕花芯剪出小花瓣，上一层花瓣都比下一层小一号。
3. 用毛刷将表面刷平整。

4. 竹刷

将细竹丝捆绑在一起做成的工具。可以用竹刷的侧面轻刷练切表面，形成细密自然的线条，也可以用两端在表面扎出细密的点。

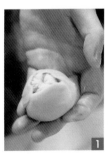

示例

1. 确定花形。
2. 用竹刷在表面轻刷出纹路。
3. 纹路形成。

5. 牙签

牙签尖头的细度非常适合画叶子的经络，也可以用来做果实的根部，不过牙签的尖端过于尖锐，画出的凹痕不够自然，所以一般会和湿绢布配合使用。

用牙签画果实根部示例

1. 用水将绢布浸湿，盖在果子上。确定根部点。
2. 用牙签压出合适的凹槽。

用牙签画叶子示例

1. 用手持牙签，左手放果子。用牙签的尖端在果子上画出痕迹。
2. 确定主茎。
3. 画出支茎。
4. 继续画出支茎。
5. 成形。

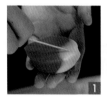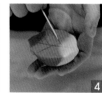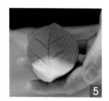

6. 千筋板

一般是木质材料，表面会有不同的纹路，果子外皮在上面可以压出多种形状。使用时将果子的表面压在潮湿的千筋板上，稍微按压表面，压出纹路即可。

纹形千筋板　　　　　　叶形千筋板

7. 绢布与"布巾绞"

丝麻织物，布质细腻，不易粘连皮馅。可以用来揉搓馅料和皮面，同时，和果子的"布巾绞"用到的一般也是绢布。布巾绞是和果子制作的一种方式，将果子包裹在绢布

内，然后隔着绢布对果子进行造型，绢布上细腻的纹理可以给果子表皮留下非常自然的印记。另外，将绢布沾湿用来包裹果子，可以起到很好的保湿作用。

示例

1. 在手中放一块湿的绢布，放上搓圆的皮面，收紧收口，旋转印出纹理。
2. 用手指隔着绢布，对皮面进行造型。
3. 取出果子。

8. 网筛+筋棒（细工筷子）

网筛的基础过滤作用有很多使用方法。可以将沙馅过滤掉皮屑，将馅料变得细致；同时用合适大小的网筛孔隙可以压出花芯、动物的皮毛。用网筛制作花芯时，需要用筋棒辅助移动，筋棒又称细工筷子，头部圆润细滑，是制作和果子的专用筷子。

筋棒（细工筷子）

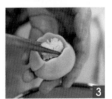

示例

1. 将黄色练切在网筛上压出絮状。
2. 用细工筷子夹取。
3. 放在花芯处，作为花蕊。

9. 包馅

用皮包裹馅料，做成圆形、椭圆形。

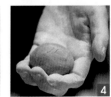

示例

1. 将皮擀或者按压至合适大小。
2. 放上馅料。
3. 左手拿果子慢慢旋转，右手轻轻收口。
4. 成形。

10. 搓揉

　　将组合完成的果子再进一步的揉成固定的形状。

上方搓揉

1. 双手打开，左手托住果子，右手掌心围绕果子顶点绕圈打磨果子表面，使表面圆润光滑，形似正三角形。
2. 上方搓揉成形。

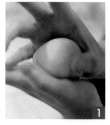

下方搓揉

1. 双手打开，双手掌跟夹住果子，绕圈搓果子的底部，使之形成锥形，形似上宽下窄的等腰梯形。
2. 下方搓揉成形。

11. 练切调色

　　在白色练切中加入适量的色素，用手揉和均匀成一个整体。

示例

1. 取一块白色练切，滴入色素。
2. 先对折面皮，使练切吸收色素，防止粘手，再整合成色彩均匀的色团。

12. 粘晕

　　将双色的练切粘在一起，并轻揉接口处，使两种颜色之间的过渡更加自然、柔和。粘晕可以通过手动揉和，也可以通过布巾绞实现。

示例

1. 取一种练切擀压成片，用手按压边沿处成扁平状。

2. 取另外一种练切，搓成细长条，长度和"步骤1"中的扁平部位相当。

3. 按压一下，使形状更好的和面片结合。

4. 将两块练切结合。

5. 揉按接口处，使两者更好的黏合。

6. 包入馅料，轻揉成团即可。

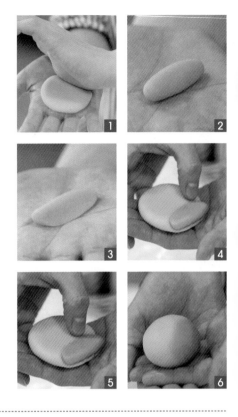

---

13. 包晕

　　用一种颜色的练切包裹另外一种颜色的练切，再一起包馅，在最后揉和的过程中呈现颜色相互渗透的感觉。

示例

1. 将两种颜色的练切叠加在一起。

2. 两手相互配合，将两种练切整体黏合在一起，两种颜色分别在中心位置和周围占据主要分量。图示中黄色练切多在色团周围，红色部位在色团中心。

3. 包入馅料。

4. 揉和成团，图示中表面中心处是从黄色练切中透出的红色练切。

5. 成形。

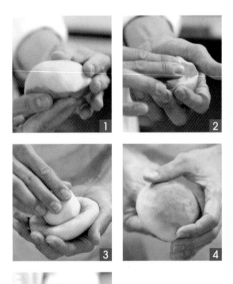

常用面馅的基本制作过程

红豆沙馅（白豆沙制作过程与此类似）

配方

红豆……1500克

砂糖……1350克

水……800克

制作过程

1. 将红豆洗净放入锅中，加入水。

2. 盖上盖子（图示中是用厨房用纸代替锅盖），大火煮开，再转用中火煮20分钟。

3. 离火，过滤。

4. 将豆子重新入锅，加入适量的温水，继续大火煮开，再转用中火煮20分钟。

5. 红豆煮软后（软但是不破皮）离火，过滤，将大粒的红豆和汁水分离。大粒红豆留作红豆粒馅使用，备用。

6. 将红豆汁水，再次过滤。

7. 在过滤出来的汁水中加入些许温水，静置（此过程根据豆沙的稠稀度，可选择重复一次）。

8. 再次过滤，将液体倒入棉布兜中。

9. 用适宜的力度将棉布兜中的水分挤出来。

10. 挤的过程中豆沙成块。

11. 将水和砂糖放在铜锅中，加热至混合融化。

12. 加入拧干水分的豆沙块。

13. 用小火开始熬炼，并用木铲翻拌。

14. 至呈现合适豆沙状，停火。

红豆粒馅

配方

红豆……2000克

砂糖……2200克

水……适量

制作过程

参照细豆沙的制作方法将豆子煮熟，参照制作过程步骤1~步骤3。

1. 豆子煮软后关火，盖上盖子，焖30分钟。

2. 过滤汁水，并用清水冲洗红豆。

3. 在铜锅中加入少量的红豆汁水，加入白砂糖，开火把细砂糖融化、煮沸。煮沸后关火，放置一个小时。

4. 开火，继续煮至糖水至呈现黏稠的状态。

5. 加入煮好的红豆，用木铲不停翻拌。

6. 至用勺子提一勺豆沙用力放到砧板上，能够形成山峰的形状，豆沙就熬好了。

求肥

配方

  白玉粉……50克

  水……100克

  细砂糖……100克

制作过程

1. 将白玉粉放入铜锅中。
2. 分次加入水，融化成液体。
3. 用小火加热，分次加入细砂糖（3~4次），并用木铲来回翻拌。
4. 至整体形成绸缎状即可。

练切（馅）

配方

  白豆沙……1200克

  求肥……120克

制作过程

1. 将白豆沙放入铜锅内，加热翻拌熬炼至浓稠。
2. 将制作浓稠的求肥加入白豆沙内，小火加热翻拌熬至不粘手。
3. 将熬制好的练切馅取出，不断分割成小份，再合拢在一起，依次循环使练切馅降温（如果不依次循环，容易使练切馅变硬），冷却后使用保鲜膜密封保存（冷藏4天，冷冻2周）。

练切馅调色

制作过程

1. 取适量的练切馅，在手中按压成扁平状。用牙签蘸取色素，抹在练切馅上，用手来回搓揉饼皮使颜色均匀。

2. 使用或者保鲜膜封住保存，一般冷藏4天或冷冻2周。

春季和果子

春

之

悦

春来
叶绿
花开

花海在枝头
莺啼在耳侧

四月	三月	二月
卯月 阴月 花残月 仲吕 清和月	弥生 花见月 春惜月 青章 杪春	如月 梅见月 初花月 雪消月 丽月

四月

常用季语	节气
山吹 观樱 胧月 春眠 花筏 花见团子	**清明** 4月4日-4月6日 万物重复生机 **谷雨** 4月19日-4月20日 春雨滋润作物

三月

常用季语	节气
雁归 草春 春园 若草 蕨	**春分** 3月5日-3月6日 冬眠的万物开始苏醒 春阳 春暖 青柳 **惊蛰** 3月20日-3月21日 昼夜基本等长

二月

常用季语	节气
莺 残雪 雪花 观梅 薄冰 蕨 早春	**立春** 2月3日-2月4日 农历中立春是一年的开始 **雨水** 2月18日-2月19日 积雪消融，万物回春

山茶花

山茶花从冬季走到春季，红、白、绿、黄交相点缀，有冬季的纯净，也带着春日的希望。山茶花是俳句最常用的季语之一，根据其种类不同，代指的季节也有不同，有时也会代指深秋、寒冬。花开很美，花落也另有一番景象，"红茶花，白茶花，地上落花"，就是河东碧梧桐的著名俳句。本次使用红、白两种练切制作茶花，是基础版茶花制作。

配方 <成品量1个>

红色练切……27克

白练切……3克

红豆沙馅……15克

绿色练切……少量

黄色练切……少量

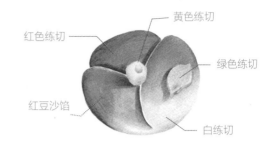

黄色练切

红色练切

绿色练切

红豆沙馅

白练切

制作过程

1. 将红色练馅压平，白色练切馅搓成椭圆长条，放于红色底部，用大拇指抚平接口处，让两个练切重叠在一起（带有白色练切的面为正面）。

2. 将红豆沙馅搓圆，放在红色练切背面，旋转按压红豆沙馅，慢慢收口包裹住红豆沙并将整体搓圆，压扁。

3. 将两手合拢打开呈"V"字形，将练切平整面朝上，搓成锥形。

4. 用三角棒从练切表面1/3处，以弧线向对面压出切痕，收尾正好在白色练切中间处收尾。

5. 再从弧线一侧的中间点，以弧线压到第一条切痕上，整体分为3份。

6. 取黄色练切，搓成水滴状，在表面戳出一个孔，拼粘在切痕中心点。

7. 擀制绿色练切馅，用压模切出叶子形状，装饰在表面。

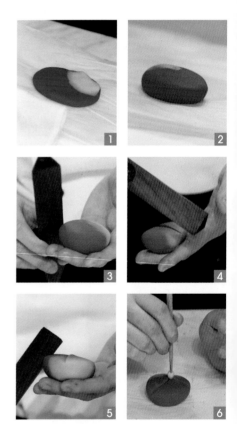

山 吹

山吹是日语中棣棠花的名称，山吹盛开在春天，是春季的常用季语之一，在《万叶集》中，写山吹的俳句就有17首之多，其中公认最有名的是江户时代诗人松尾芭蕉的"山吹凋零，悄悄地没有声息，飞舞着，泷之音"。本次山吹是由黄色和白色练切制作而成，粘晕的效果非常梦幻，也使用了嫩黄色花蕊做点缀。

配方 <成品量1个>

金黄色练切……8克

金黄色练切……2克

白色练切1……4克

白色练切2……18克

红豆沙馅……15克

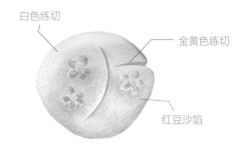

白色练切

金黄色练切

红豆沙馅

制作过程

1. 将8克的金黄色练切搓圆压扁，表面放上18克的白色练切2，按压白色练切并旋转整体，搓圆接口收底部。

2. 将包好的金黄色练切压扁，整体7～8毫米厚，将表面1/3压扁；将4克的白色练切1搓成圆珠形，放在压扁的金黄色练切表面，将接口按压融为一体。

3. 将练切反扣在手掌心，表面放上红豆沙馅，按压红豆沙馅并旋转整体，包裹住红豆沙馅，搓圆。

4. 将包好的练切稍微压平，双手呈"V"字状打开，来回搓动练切，整体呈圆润的圆锥形。

5. 使用三角棒在表面倾斜压出切痕，反方向再压出一条切痕（第二条切痕不能超过第一条切痕），形成树枝。

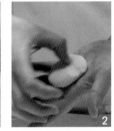

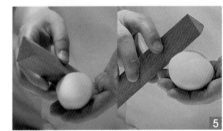

6. 在切痕交接处，使用针形棒向上推动出白色部分，推出一朵五瓣花，同样的手法在切痕边缘做出两朵五瓣花。

7. 将2克金黄色练切从网筛底部按压出细丝作为花蕊，取少量花蕊放在五瓣花中间即可。

小贴士

在操作过程中练切易变干，不用的练切使用保鲜膜包裹住，防止水分流失。

烧皮樱饼

每年的3月15日至4月15日是日本的"樱花节"，樱花花期较短，在日本，有"樱花七日"的谚语，意思是樱花从自开花至花残只有七天，大岛蓼太也曾说"不见方三日，世上满樱花"，用樱花的花期来劝诫世人珍惜时间。本次樱饼是江户时期的传统做法，用铜板做成烧皮裹馅料，外部再用樱花叶装饰。

配方 <成品量25个>

白玉粉……50克

水……250克

上白糖……70克

低筋面粉……200克

水……50克

红色素……适量

馅料

红豆沙……500克

樱花叶

烧皮

红豆沙

制作过程

1. 将低筋面粉过筛，加入上白糖，混合拌匀。

2. 将250克的水分次加入白玉粉中，充分混合，无颗粒后再分次加入水，逐渐将水加入其中。

3. 将"步骤1"倒入"步骤2"中，搅拌均匀，再将剩余的50克水倒入其中，搅拌均匀。

4. 倒入几滴色素，调成粉色即可。

5. 用湿毛巾盖上备用。

6. 加热铜板，舀上一勺面糊，摊成椭圆形。

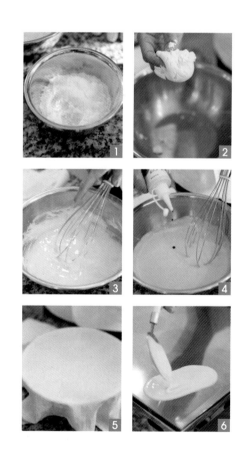

7. 待表面面糊成型后即可拿起。

8. 放一边，晾凉。

9. 包上红豆沙（红豆沙每个20克），卷起即可。

10. 最后再包上一片樱花叶（樱花叶使用之前最好用水清洗一下）。

夜 莺

莺啼，春来。以夜莺为主题的和果子形状各异，但是基本上颜色都是绿色的。发扬它的人是日本茶道千家流派之一的表千家的第五代堀内宗完，即"鹤叟"，他喜欢用青海苔粉做莺，后世传承其表意，就用青绿之色来制作莺。本次制作使用布巾绞制作夜莺外形，样式自然，表皮光洁嫩滑，用色是以嫩绿色为主。

配方 <成品量1个>

嫩绿色练切……30克

白色练切……4克

红豆沙馅……15克（稍硬）

黑色熟芝麻……1粒

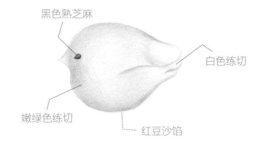

黑色熟芝麻

白色练切

嫩绿色练切

红豆沙馅

制作过程

1. 将嫩绿色练切搓圆压扁（整体呈7~8毫米厚），将整体1/3压扁。

2. 将白色练切搓成圆柱形，一侧压扁；放在嫩绿色练切按压处，使用大拇指按压接口使其融为一体。

3. 将整体反扣在掌心，表面放上搓圆的红豆沙馅，按压红豆沙馅并旋转整体，将红豆沙馅包裹住，整体鸡蛋形状，白色部分属于鸡蛋状窄小的一端。

4. 用拧干水分的绢布包裹住练切（白色部分朝上）。

5. 两手的食指与大拇指对捏练切两端，并往外拉伸。

6. 将练切取出，绿色部分突出的两个尖牙，底部压成圆弧形，顶部捏尖成夜莺嘴。

7. 取一粒黑色熟芝麻按压在鸟嘴斜上方45°的位置即可。

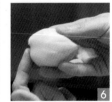

小贴士

在操作过程中练切易变干，不用的练切使用保鲜膜包裹住，防止水分流失。

樱 花

樱花是日本的国花，也是爱情与希望的象征。在日本传说中，有位名叫"木花开耶姬"（意为樱花）的仙女，她在某一年的11月，从冲绳出发，途经日本的九州、关西、关东等地，于第二年5月到达了北海道。在路途中，她将花朵撒在她路过的每一个角落，带来爱与希望。后来，为了纪念这位仙女，人们便将这种花命名为"樱花"。樱花粉嫩，花瓣柔软朦胧。本次制作中用红、白练切，采用粘晕的方法使花朵粉白过渡自然。

配方　<成品量3个>

白色练切……90克

红豆沙馅……75克

白色练切……6克

黄色练切……少许

红色色素……少量

黄色练切
白色练切
红豆沙馅

制作过程

1. 取10克白色练切馅，加入1滴红色素不断翻折使其调至均匀；将这10克的练切馅分次加入剩余的80克练切馅内，不断翻折使其混合均匀（之所以这样做是为了防止颜色调重）。

2. 将红豆沙馅分割成25克/个，搓圆，将调好色的粉红色练切分割成30克/个，搓圆压扁；将红豆沙馅放在练切表面，按压红豆沙馅并旋转整体，包裹住红豆沙馅料，搓圆接口朝下。

3. 将白色练切分割成2克/个，搓圆，按压在包制好的粉红色练切上，按压整齐；将粉红色练切和白色练切接口处使用大拇指按压至均匀成一体。

4. 使用三角棒双重线在白色练切中心处压出凹槽，继续使用三角棒将表面依次压出凹槽痕迹，形成五等份。

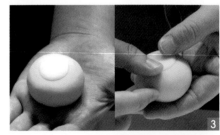
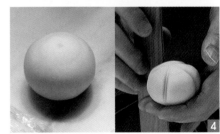

5. 将平均分割好的练切表面盖上一层拧干
   水分的绢布，使用竹签将中心凹槽处继
   续压深。

6. 使用樱花压膜在每瓣偏上处倾斜按压出
   花瓣（上浅下深），提起压膜时将底部稍
   稍提起，使花瓣有一定的弧度。

7. 将黄色练切从网筛按压出来形成花蕊，
   使用竹签挑出适量花蕊放在表面凹槽处
   即可。

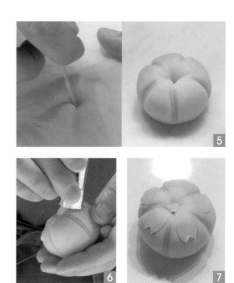

在操作过程中练切易变干，不用的练切使用保鲜膜包裹住，防止水分
流失。

7. 冷却取出，将金团馅用大网格筛挤压出形状，做成羊毛。

苹果馅

1. 将白豆沙馅和适量水放入锅中，搅拌融合。
2. 加入切块的苹果干（不要脱水的苹果干），煮至沸腾，改小火收汁，炼制成固体状。
3. 取出完全冷却后，分成15克/个，搓成圆球。

装饰

1. 取100克练切，加入肉桂粉，揉至均匀，调制成肉色。

5. 将平均分割好的练切表面盖上一层拧干
   水分的绢布，使用竹签将中心凹槽处继
   续压深。

6. 使用樱花压膜在每瓣偏上处倾斜按压出
   花瓣（上浅下深），提起压膜时将底部稍
   稍提起，使花瓣有一定的弧度。

7. 将黄色练切从网筛按压出来形成花蕊，
   使用竹签挑出适量花蕊放在表面凹槽处
   即可。

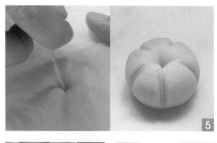

小贴士

在操作过程中练切易变干，不用的练切使用保鲜膜包裹住，防止水分
流失。

小绵羊

动物的灵性是非常惹人喜爱的，尤其是小绵羊。
绵羊一般在春、秋两季会剪毛。本次制作中用大
网格网筛过滤金团馅料制作绵羊的毛，蓬松也有
质感，很神气！

配方 <成品量30个，每个重40～45克>

金团馅
寒天粉……3克
水……200毫升
幼砂糖……30克
白豆沙馅……500克
无糖炼乳……100克
食盐……1克
葡萄糖浆……20克

苹果馅
白豆沙馅……400克
水……适量
苹果干……80克

装饰用
练切……200克
肉桂粉……适量
黄色色素……适量
红色色素……适量

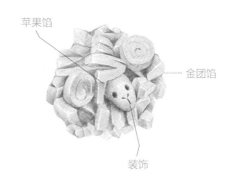

苹果馅

金团馅

装饰

制作过程

金团馅

1. 将水倒入锅中，寒天粉撒在水面上，开火，用橡皮刮刀搅拌，煮至沸腾。
2. 待寒天粉完全融化，加入上幼砂糖搅拌，煮至完全融化。
3. 将白豆沙馅加入锅中，不停搅拌，小火炒练至浓稠细腻有光泽，纹路清晰不易消失的浆糊状。
4. 将无糖炼乳加入锅中，搅拌均匀（不停搅拌防止糊底）。
5. 关火，加入食盐、葡萄糖浆，搅拌混合。
6. 将熬制好的金团馅倒入模具中，放进冰箱内冷却凝固。

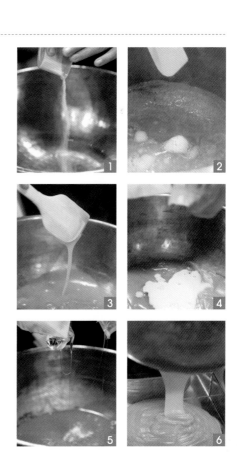

7. 冷却取出，将金团馅用大网格筛挤压出
   形状，做成羊毛。

苹果馅

1. 将白豆沙馅和适量水放入锅中，搅拌融合。
2. 加入切块的苹果干（不要脱水的苹果
   干），煮至沸腾，改小火收汁，炼制成固
   体状。
3. 取出完全冷却后，分成15克/个，搓成圆球。

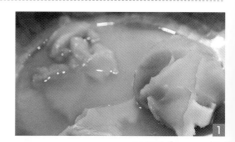

装饰

1. 取100克练切，加入肉桂粉，揉至均匀，
   调制成肉色。

2. 将一小块调制好的肉色搓成椭圆，用牙签压出眼睛，用刀划出嘴巴。

3. 取100克练切，加入黄色色素和少量的红色色素揉至均匀呈橙黄色并擀薄。

4. 在练切表面刷上一层肉桂粉，手沾水（配方以外的水），在表面涂抹均匀（起到增加黏稠的作用），再用毛刷在表面刷一层肉桂粉。

5. 将练切卷起来，成圆柱形，搓制粗细均匀，将练切切成圆薄片作为耳朵。

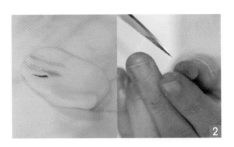

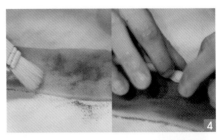

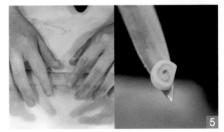

组装

1. 将揉圆的苹果馅粘上金团馅制作出羊毛。

2. 将做好的羊脸和羊角分别装饰在金团馅毛上。

蔷薇

半开的蔷薇圆润柔美，即便手中没有专业的工具，依然能巧妙的将其制作出来。本次制作中使用勺子压出花瓣，再用一点绿色练切画出春天的绿意。

配方 ＜成品量1个＞

白色练切……15克

粉色练切……15克

红豆沙馅……15克（熬制偏硬）

浅绿色练切……少量

红豆沙馅

浅绿色练切

粉色、白色练切

制作过程

1. 将粉色练切、白色练切搓圆；将白色练切压扁，表面放上粉色练切，按压粉色练切并旋转整体，包裹住粉色练切接口朝下搓圆。

2. 将包好的粉色练切压扁，将红豆沙馅放在表面，按压红豆沙并旋转整体使其包裹住红豆沙馅，搓圆接口朝下。

3. 使用圆勺反扣按压在表面中间处，按压2毫米深，再慢慢倾斜挑起。

4. 同样的步骤做三片花瓣，形成三角边。

5. 使用"步骤3"同样的手法在上一层三片花瓣接口处按压出大一号的花瓣。

6. 将浅绿色练切擀平，使用叶子切模压出叶瓣，粘在外侧花瓣边缘上。

 小贴士

在操作过程中练切易变干，不用的练切使用保鲜膜包裹住，防止水分流失。

福　梅

梅从雪中来，再到春天去。从白到粉，从雪天到春风。本次制作中用白色外郎和粉色外郎调和成梅皮，再裹上梅子馅，如果想要更多的朦胧感，还可以在外层筛一些淀粉。

配方 <成品量20个>

外郎面糊

上新粉……100克

白玉粉……30克

淀粉……30克

上白糖……230克

水……220克

粉色色素……少量

黄色练切……少量

梅子馅

白豆沙……400克

梅子肉……16～20克

（可用糖渍梅子代替）

葡萄糖浆……30克

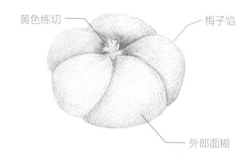

黄色练切

梅子馅

外郎面糊

制作过程

梅子馅

1. 将梅子肉放在网筛上按压过滤，使梅肉变得更加细腻，称取16克。

2. 将白豆沙放入铜锅内加热翻拌炼制浓稠，加入葡萄糖浆、梅子肉继续翻拌炼制浓稠，取出；放置冷却，冷却后分割20克/个并搓圆。

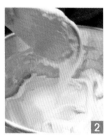

外郎面糊

1. 将上新粉和水混合搅拌均匀，再依次加入上白糖、白玉粉、淀粉混合均匀，倒入铺有白布的烤盘内抹平，放入蒸笼内蒸熟，取出，放入盆内混合搅拌均匀。

2. 取40克面糊加入少许粉色色素，调至成粉红色（在调至的过程中手上沾上糖水，防止粘手；糖和水1∶1比例混合加热均匀）。再将调好色的面糊分成2克/个，并搓圆。

3. 将剩余的未调色的面糊取出，分割成23克/个，并搓圆。

组合

1. 将23克面糊面团压扁，中间位置压出凹槽，将2克的粉色的面糊面团放入，整体压到厚薄度均匀。

2. 将梅子馅放在面团中心处，慢慢地用面团包裹住馅料，再将整体搓圆。如果想要整体出现磨砂感，可以在表层刷上一层淀粉。

3. 将桌面铺上一层保鲜膜，将搓圆的面团放在表面，红点朝上，表面再盖上一层干燥的绢布，使用竹签在红点处压出凹槽。

4. 取下绢布，使用三角棒尖角部分，从面团底部倾斜朝上压出5瓣。

5. 取黄色练切搓成椭圆形，用网筛按压出密集的蜂窝状。

6. 使用竹签挑出适量的黄色练切按压在福梅凹槽处，做成花芯。

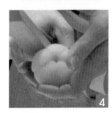

红　梅

一枝红梅傲立枝头，冰逝天暖。本次制作是"基础版"，练切与豆沙的结合总能创造出千万种可能，用红色练切做主体，用白色练切做中心点缀，似雪中花，似花中蕊。

配方 ＜成品量1个＞

红色练切……27克

红豆沙馅……15克

白色练切……3克

金箔……少量

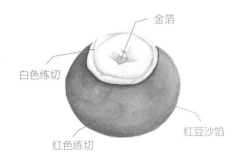

金箔

白色练切

红色练切

红豆沙馅

制作过程

1. 将红色练切搓圆压扁，表面放上搓圆的红豆沙馅，慢慢收口包住红豆沙馅，搓圆，封口朝下。

2. 将白色练切搓圆压扁，贴在红色练切表面按压。

3. 将表面盖上一张潮湿的绢布，使用竹签在表面压出凹槽。

4. 使用量勺在凹槽四周反扣，以45°推压出花瓣，每压一瓣花瓣都在上一瓣的内侧，依次循环，第五瓣收口包住第一瓣。

5. 在凹槽中间部分点缀上金箔。

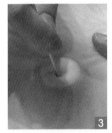

在操作过程中练切易变干，因此不用的练切应使用保鲜膜包裹住，防止水分流失。

樱饼

18世纪时，一位寺庙的守门人把樱花叶摘回来放到盐水中浸泡，用来包裹住果子，再发给来往香客，故得名樱饼。用红色的糯米制作果子，象征樱花，外部裹上樱花叶，是较为传统的樱饼制作方法。

配方　<成品量50个>

锦玉羹

　寒天粉……10克

　水……500克

　细砂糖……345克

樱饼

　糯米……1000克

　细砂糖……500克

海藻糖……200克

水……400克

盐……8克

内馅（粗豆沙）……18克/个

红色色素……适量

盐渍樱花叶……50片

盐渍樱花叶

糯米

内馅
（粗豆沙）

制作过程

锦玉羹 ·····································

将寒天粉和水倒入锅中，边搅拌边加热到
沸腾后加入细砂糖，加热到有一点浓稠就
可以了。

樱饼 ·····································

1. 将糯米洗净，倒入水，加入红色素，搅
   拌均匀之后静置，常温的水一般浸泡4个
   小时以上（水温越高，静置时长越短）。
2. 泡好之后把糯米过滤出来，放在铺有湿
   润棉布的蒸屉中，水烧开后，中火蒸25
   分钟左右。

3. 将水和盐混合搅拌均匀，并将蒸好的糯米倒入，搅拌均匀，让糯米充分吸水。

4. 将糯米再次放入蒸笼中蒸15分钟；蒸好之后趁热将细砂糖和海藻糖一次性倒入，搅拌均匀，倒入小烤盘中铺平，包上保鲜膜，静置一个小时。

5. 手上蘸水防粘，取30克糯米，揉圆后按平，中间按出凹槽，将18克的粗豆沙揉圆放在糯米正中间，封口，揉圆。

6. 在表面刷一层锦玉羹防止糯米变干。

7. 将盐渍樱花叶稍微清洗，用叶子的反面将糯米团半包起来。

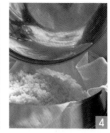

小贴士

1. 在包馅之前，可以稍微加热软化糯米团后再操作。

2. 在搅拌糯米时要注意搅拌力度，保持糯米的颗粒感。

3. 细砂糖、寒天粉和水三种物质一起加热不易融化，所以要先把寒天粉和水加热到沸腾后，再加入细砂糖。

花 筏

以花作筏，有一种娴静的诗意之美，每个季节都有自己特有的花筏，春季里，万物都透出粉嫩，一条溪水中流过漂浮的樱花，点点成映。本次用白色练切加熟芝麻做出冬季后的万物意象，用蓝色练切做出青山背景，一条锦玉羹是溪水，粉色粒珠意指樱花。

配方 ＜成品量1个＞

红豆沙馅……15克　　　锦玉羹

黑色熟芝麻……适量　　寒天粉……1克

白色练切……30克　　　细砂糖……75克

浅蓝色练切……3克　　　水……75克

装饰

粉色粒珠……少量

准备

1. 在白色练切内加入黑芝麻碎，
   混合揉至均匀，成芝麻练切。
2. 锦玉羹：将寒天粉、水混合煮
   沸，再加入细砂糖，继续加热
   煮沸、离火，倒入长方形模具
   中，冷却待用。

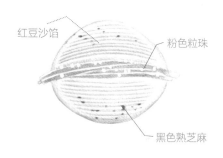

红豆沙馅

粉色粒珠

黑色熟芝麻

制作过程

1. 将混合芝麻的练切搓圆压扁，将中心处
   使用食指压出凹槽。
2. 将浅蓝色练切搓成圆柱状按压在凹槽
   处，再将边缘接口捏制融为一体。

3. 将练切反扣在掌心，表面放上搓圆的红豆沙馅，慢慢收口，包裹住红豆沙馅，搓圆，将浅蓝色一面反扣在表面潮湿的千筋板上，稍微按压表面，压出纹路。

4. 将双手呈"V"字形打开，将练切有纹路面朝上，来回搓动使整体形成圆润的圆锥形。

5. 在浅蓝色练切表面使用圆形木棒压出凹槽。

6. 将做好的锦玉羹切出几条细长条，放在浅蓝色练切凹槽处，凹槽处撒上粉色粒珠装饰。

小贴士

在操作过程中练切易变干，不用的练切使用保鲜膜包裹住，防止水分流失。

夏季和果子

夏

之花

夏至
柳绿
花红

青梅五月雨
流萤戏朝颜

七月		六月		五月	
文月 桐月 七夕月		水无月 常夏月		皋月 雨月 早苗月	
棚机月 夷则		小暑 松风月 林钟		梅月 橘月	
常用季语	**节气**	**常用季语**	**节气**	**常用季语**	**节气**
夏祭	大暑 小暑	夏至	夏至 芒种	端午	小满 立夏
山井		紫阳花		五月雨	
水牡丹 朝颜	7月22日—7月23日 7月7日—7月8日	抚子	6月21日—6月22日 6月5日—6月6日	杜鹃 青梅	5月20日—5月22日 5月5日—5月6日
篝火 夏峰 七夕 芦				粽 木芽 初鲣	
	暑气逐渐增强 夏季最炎热的时节		播种带有芒穗的谷物农作物 北半球昼最长的一天，夏天的中点		农历中夏天的开始 草木生长最旺盛的季节

朝　颜

朝颜，清晨花开，傍晚花谢，是日本对牵牛花的称呼，意指易逝的美好。在夏日清晨里盛开的花，色彩娇艳，加贺千代有一首著名的俳句，"吊桶已缠牵牛花，邻家乞水去"，描写的就是对牵牛花的爱怜之意。本次制作使用玻璃纸配合牙签，形成自然褶皱来制作花瓣花型，点缀上绿色叶片，用寒天制品做底色突出透明感。

配方 <成品制作量根据选用模具大小而定>

寒天……17克　　　**羊羹装饰**

水……1000克　　　水……100克

细砂糖……650克　　寒天……2克

葡萄糖浆……650克　细砂糖……40克　　葡萄糖浆……12.5克

可尔必思原液……470克　海藻糖……10克　绿色色素……适量

红色色素……适量　　白豆沙……120克　黄色色素……适量

—— 羊羹装饰

准备

可尔必思是日本乳酸饮料的一个著名的品牌，使用可尔必思原液时，与水按照1∶4的比例混合，可以直接饮用。本次使用可尔必思原液，是为了调节口感，也可以用透明的液态材料替换。

制作过程

1. 模具准备：将若干牙签插在泡沫箱盖子上边（尖头朝下），表面露出1~2厘米的高度。

2. 用橡皮筋把玻璃纸绑在直径4.5厘米的圈模上，并将带有玻璃纸一面朝下，轻轻放在"步骤1"中的牙签上，稍微按压，使玻璃纸出现褶皱，表面凹凸不平。

3. 在水中加入寒天粉，并加热到寒天融化，再放细砂糖、葡萄糖浆，混合后关火，加入可尔必斯原液，搅拌均匀。

4. 取一部分"步骤3"，里面放入红色色素，搅拌均匀后用小勺取出1~2勺倒入模具中。

5. 红色部分快凝固后，再将无颜色的"步骤3"倒入模具中，放入冰箱冷藏。凝固后脱模。

羊羹装饰

1. 先将水倒入锅中，加入寒天粉，加热到融化，再加入细砂糖和海藻糖，糖类融化后再加入白豆沙，然后放入葡萄糖浆，最后放入绿色和黄色色素，再进行熬炼，熬制到滴下来时有明显的纹路出现。

2. 离火，取其中一部分装入裱花袋中，在油纸上挤出细线，待凝固后取适当长度做装饰使用。

3. 另外一部分绿色羊羹可以直接倒在烤盘上，使其自然流动成一定厚度的凝胶物，自然凝固后，用模具刻出所需的形状。

4. 将装饰物摆放在成品的表面，用作叶和茎。

梅酒羹

青梅是初夏的果子，是和果子表达季节感的代表。用体现夏日清凉感的寒天制品，做出透明清爽的质感。本次制作简便、快捷，口味提神，梅酒有开胃功效，如果家中有人不饮酒，也可以选用其他透明饮料替代，是夏季家庭必备小食。

配方 <成品量根据模具的大小而定>

寒天粉……12克

幼砂糖……270克

海藻糖……180克

水……900克

梅酒……120克

柠檬果汁（100%）……16克

糖渍青梅……适量

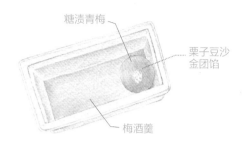

糖渍青梅

栗子豆沙
金团馅

梅酒羹

制作过程

1. 将寒天粉、幼砂糖、海藻糖混合后倒入
   水中，用铜锅加热搅拌至融化，沸腾后
   关火。

2. 将梅酒和柠檬汁隔水加热。

3. 将"步骤2"加入"步骤1"中，搅拌均匀。

4. 把青梅分别放入盒中。

5. 将"步骤3"倒入盒中（不用冷却），常
   温凝固即可。

草莓蛋糕

用练切做出的蛋糕，新颖别致。
配上各种应季水果，都是一份最
好的心意。

配方 <成品量根据模具大小而定>

草莓蛋糕

白色练切……180克

炼乳馅……90克

草莓……2个

装饰

白练切……30克

食用冷水……适量

红色练切……少量

玉米淀粉……适量

装饰

白色练切

炼乳馅

草莓

制作过程

草莓蛋糕

1. 将练切揉匀，擀至3毫米厚的圆片，使用直径9厘米的圈模压切出2片圆片。

2. 将炼乳馅揉至均匀，搓圆，压扁至比"步骤1"小一号的圆片，粘在"步骤1"练切圆片表面。

3. 将草莓切片，均匀摆放在表面。

4. 同"步骤2"相同的手法再做一层练切与炼乳片反扣在草莓表面。

5. 同样的手法制作两层叠摞在一起。

6. 将剩余的练切馅擀制3毫米的圆片，将做好的草莓夹层包面，修切出多余的边角料。将草莓蛋糕对半切成六等份。

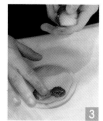

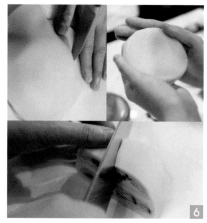

装饰

1. 取30克白练切，加入适量的水调制稀稠，加入玉米淀粉混合均匀。加入淀粉为了使练切更快速地晾干。

2. 将调制好的练切馅装入细裱内，在草莓蛋糕边缘挤上圆点，再挤出两条线条作为装饰。

3. 将红色练切搓至成水滴状，粘在挤好的线条上即可。

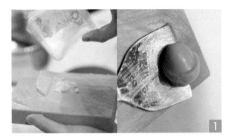

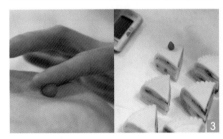

 小贴士

炼乳馅料

配方

白豆沙馅……300克

炼乳……100克

水……适量

制作过程

将白豆沙放进锅内，加入少量的水，搅拌至黏稠，加入炼乳，炼制成形。

抚 子

小说《源氏物语》里，抚子花也称常夏花，是石竹花的一种，在中药中又称瞿麦，是盛开在枯野中的花，美丽动人又具有坚强的气质。本次制作中用淡粉色练切制作主体，花心部位用粉色练切通过粘晕的手法与主体结合，花蕊部分用两种颜色交相组合，细节处优美自然。

配方 <成品量1个>

淡粉色练切馅……30克

红豆沙……15克（稍硬）

白色练切……15克

粉色练切……2克

白色花蕊练切……1克

粉色花蕊练切……2克

红豆沙
淡粉色练切馅
粉色练切
白色练切

制作过程

1. 将白色练切搓圆压扁，表面放上搓圆的
   淡粉色练切，慢慢收口包住淡粉色练切；
   同样的手法将搓圆的红豆沙馅包裹起来。

2. 将粉色练切搓圆压扁，放在"步骤1"
   上，将接口滑捏平整成一体。

3. 将整体稍微压扁，双手呈"V"字形打
   开，来回搓动，形成一个圆润的锥形。

4. 使用三角棒在表面做出一个中心点的标
   记，侧面压出五条均等的痕迹。

5. 将练切表面铺上一层潮湿的绢布，将中
   心点使用竹签按压出凹槽。

6. 在分割好的五等份表面使用大拇指向外推压出花瓣，再将每个花瓣边缘捏薄。

7. 使用刀背在每片花瓣表面画出纹路，再在每片花瓣边缘压出均匀不等的切痕。

8. 将白色花蕊练切使用网筛按压出丝，紧接着按压出粉色花蕊练切，使两种颜色融合在一起。

9. 使用竹签取出适量的花蕊练切放在练切表面凹槽处即可。

小贴士

在操作过程中练切易变干，不用的练切使用保鲜膜包裹住，防止水分流失。

"牡丹，花之富贵者也"，是宋代的周敦颐《爱莲说》中的名句，富贵花，即牡丹花。牡丹自唐朝传入日本，在日本栽培已经有1300多年的历史了，牡丹花所寓意的繁荣昌盛也被日本人民隐喻在各种事物上。本次制作采用红色和白色两种练切通过包晕的手法做成外皮，用三角棒和竹刷配合做出细致纹理。也可以用一点锦玉羹做出露水的形状摆放在表面，效果也是非常好的。

富贵花

配方 <成品量1个>

粉色练切……20克

白练切……10克

红豆沙……15克

黄色练切……适量

绿色练切……适量

防潮糖粉……少量

黄色练切 —— 白练切 —— 粉色练切 —— 绿色练切 —— 红豆沙

制作过程

1. 取粉色练切揉匀，搓圆；白色练切揉匀，搓圆。

2. 将白色练切压扁，粉色练切放在白色练切上，将白色练切收口，包裹住粉色练切，搓圆。

3. 将练切压扁，红豆沙放在表面，将练切收口，包裹红豆沙，搓圆。

4. 用量勺在表面中间处压出凹形。

5. 用三角棒在表面以斜线划切，平均分割成三等份。

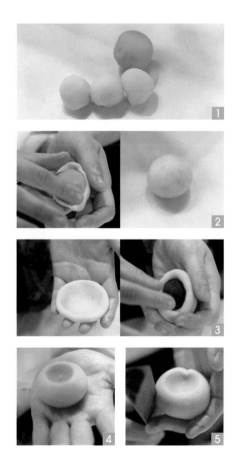

6. 在顶部用手指来回捏至变薄（不能太用力，会有指纹印），捏出高5毫米左右。

7. 取黄色练切在网筛上按压出花蕊，用筷子夹出放在练切馅中，封口聚拢。

8. 用竹刷围绕练切，倾斜压出纹路。

9. 将绿色练切擀至厚薄度均匀，用压模压出树叶；粘贴在成品表面一侧即可。

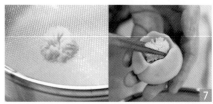

金鱼

夏季里百花盛开，在一瞥花丛中，当然也少不了那一溪流水，以及水草中嬉戏的金鱼。寒天制品为底，红豆为石，用各色模具刻出树叶和金鱼，可以用其他颜色，因为夏日本就五彩斑斓，无限幻想。

配方　<成品量20个>

柠檬羹

寒天粉……8克

细砂糖……560克

水……600克

柠檬汁……20克

羊羹（装饰用）

寒天粉……1克

细砂糖……40克

水……50克

白豆沙……80克

色素（红黄绿）……各少量

其他

大纳言红蜜豆……少量

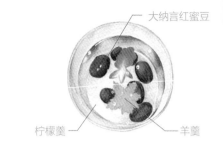

大纳言红蜜豆

柠檬羹

羊羹

制作过程

羊羹

1. 将水、寒天粉倒入锅中，开中火，使用木铲搅拌均匀，使寒天粉完全融化。加入细砂糖，搅拌均匀至融化。

2. 将白豆沙加入，搅拌均匀至完全融化，熬制沸腾，提起后有一定的流线感。

3. 取一半熬制好的羊羹倒入烤盘内，滴入几点红色色素，使用牙签在羊羹表面画出不规则图案，带动色素。震动烤盘底部，消除气泡，自然凝固。常温15分钟左右即可凝固。

4. 在锅内剩余的羊羹内加入黄色、绿色色素搅拌均匀，调制嫩绿色，倒入烤盘内，震动烤盘底部，消除气泡，自然凝固。常温15分钟左右即可凝固。

柠檬羹

1. 将水倒入锅内，加入寒天粉，开火加热
   水至沸腾，煮至寒天粉完全融化。
2. 加入细砂糖，搅拌均匀充分化开。
3. 加入柠檬汁，拌匀，离火。

组装

1. 将大纳言红豆装几颗在模具内。
2. 将煮好的柠檬羊羹取适量装入模具内。
3. 使用金鱼模具，在红色羊羹上压出金
   鱼，用叶模在调制绿色的羊羹上压出
   叶子。
4. 将压制好的金鱼和叶子摆放在有柠檬羊
   羹的模具内，再将柠檬羊羹淋在上面。

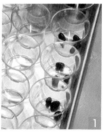 

据说，大福产生在江户时代，又称腹太饼，意思是"吃了能果腹"。大福是用白色糯米面团包裹住馅料制作而成的果子，它的基本搭配就是"馅团+糯米制品"，本次制作中使用抹茶裹入草莓做成馅团，草莓可以用当季的，也可以用干草莓，还可以用其他的应季水果。抹茶大福外皮软糯冰爽，内部馅料清爽解腻，夏季必备！

配方

＜成品量15个＞

求肥外皮

白玉粉……150克

上白糖……300克

水……300克

抹茶……4克

细砂糖……4克

热水……80克

内馅

抹茶豆沙馅

白豆沙馅……400克

草莓……15个

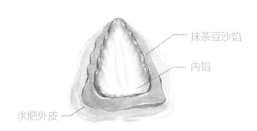

抹茶豆沙馅

内馅

求肥外皮

制作过程

抹茶豆沙馅

1. 将抹茶粉和细砂糖掺兑在一起，搅拌均匀，加入10克热水搅拌均匀至浓稠状，备用。

2. 将白豆沙放进锅内，加入剩余的70克水，加热熬炼，需不停搅拌，防止粘锅；熬制白豆沙提起不变形，关火。

3. 将"步骤1"加入"步骤2"中，开火，用木铲搅拌均匀，熬制豆沙内的水分减少，使豆沙不变形，关火。

4. 将抹茶豆沙馅分割成小块放凉。

5. 将草莓洗净去根，取20克左右的抹茶豆沙馅压扁，将草莓均匀包裹住（重40克左右）。

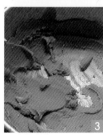

求肥外皮

1. 将白玉粉倒入盆内，少量多次加入水搅拌均匀，搅拌至没有结块。

2. 大火加热白玉粉，从锅的底部往上翻拌均匀，不停搅拌防止粘锅底，熬制黏稠。

3. 改小火，从底部不停翻拌，熬制到表面光亮。

4. 将上白糖分三次加入锅内，搅拌均匀至融化，熬制白玉粉表面光亮，有很强的韧性。

5. 将炼制好的求肥外皮取出，放在铺有土豆淀粉的烤盘内（淀粉配方外），将外皮对折，以免表面变得干硬。

组装

将求肥外皮分割成40克/个，将求肥外皮均匀压平，将包制好的抹茶豆沙草莓尖端放在求肥外皮中间点，旋转按压抹茶豆沙草莓，用求肥外皮慢慢将其包裹住。

爱恋飘浮在空中，朦朦胧胧，一封纸笺倾诉衷肠，带着爱与回忆。故事是发生在那年夏天，白色的轻纱窗帘随风浮动，你手托书本于身前，倚窗而立，我静坐书桌旁，与你对望。经典电影《情书》的故事情节是日本人民含蓄而真挚美的一种表现，果子也可以做到。用蒸的方法来做出坯底，软糯而不失水分，顶部用寒天来制作透明的质感，表面用羊羹突出主题，心意即诚意。

情　书

配方 <成品量4个>

水信玄饼
矿泉水……350克

寒天粉……7克

金箔……适量

黑蜜（口味一）
黑糖……55克

蜂蜜……50克

上白糖……110克

葡萄糖浆……55克

水……80克

黄豆粉奶油酱（口味二）
黄豆粉……20克

蜂蜜……30克

淡奶油……100克

黑蜜 —— —— 水信玄饼

制作过程

水信玄饼
将寒天粉一点点撒入水中，完全融化后，用中火加热并不停地搅拌，沸腾后持续加热两分钟；将煮好的液体倒入硅胶模具中，放入冰箱冷冻。

黑蜜

1. 将黑糖切碎，与水一起加入锅内，小火加热煮至糖化。

2. 加入葡萄糖浆、蜂蜜、上白糖混合搅拌均匀。

黄豆粉奶油酱

将淡奶油加入锅中，再加入黄豆粉和蜂蜜，混合搅拌均匀煮至沸腾，沸腾一分钟后关火。

组合

将盘内放上黄豆粉奶油酱或者黑蜜，将水信玄饼脱模取出，放入盘中，表面放上金箔。

小豆水羊羹

原本的羊羹是由羊肉熬汤制成，佛教传入日本后，日本受不吃肉食的习俗，将羊肉去除，用豆粉和面粉替代，再混合制作成蒸果子，即"蒸羊羹"，后来有了寒天之后，混合在蒸羊羹中，就有了后来的炼羊羹。炼羊羹寒天使用量比较高，水羊羹相对要少，制作时间比较短、入口即化、清爽解腻。

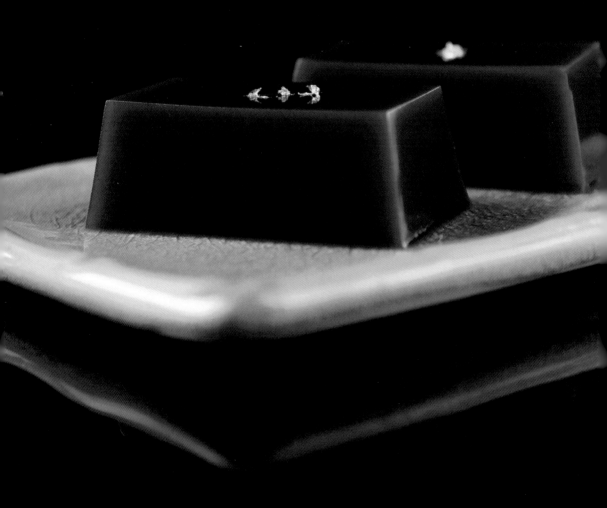

配方 ＜成品量根据模具的大小而定＞

寒天粉……6克

水……900克

幼砂糖……120克

红豆沙……645克

食盐……2克

水（调节用）……适量

制作过程

1. 将寒天粉放入水中，加热搅拌至融化，沸腾后加入糖，继续加热至糖融化。

2. 加入红豆沙（分小块放入），继续煮至完全融合。

3. 然后称一下是否为1500克，不够再加水煮沸腾即可。

4. 加入盐，搅拌均匀即可。

5. 把煮好的液体过筛。

6. 隔水冷却至50~60℃（冷却后倒入盒中不会分离）。

7. 倒入盒中，如有气孔可喷一下酒精消泡。冷藏或室温下凝固，脱模即可。

每年的夏季，日本各地区都有规模不一的夏日祭。古时候的三重县地区进行夏日祭时，会用紫阳花插花用来点缀节日气氛。紫阳花盛开正值盛夏，花型饱满。本次制作中用白色糯米作为主题，用透明锦玉羹作为点缀，顶部用紫色锦玉羹装饰，果子呈现透明色泽。

配方　＜成品量24个＞

外皮

糯米……300克左右

上白糖……80克

热水……200克

色素（红、蓝）……各少量

锦玉羹

寒天粉……2克

水……300克

幼砂糖……300克

红色色素……少量

蓝色色素……少量

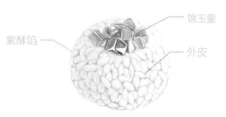

锦玉羹

紫酥馅

外皮

紫酥馅

红豆沙馅……360克

紫苏调味料……4克

准备

将糯米洗完后用3倍的水泡一晚。

蒸笼放入蒸锅加热至蒸汽上来。

制作过程

锦玉羹

1. 将水、寒天粉倒入锅内混合搅拌混匀，加热煮沸。

2. 将幼砂糖加入混合搅拌均匀，并加热煮沸持续30～60秒。

3. 取100克锦玉羹加入蓝色色素以及红色色素，混合搅拌均匀，调制出想要的紫色，放置冷却凝固。如果有紫色的色素，也可以直接使用。

外皮

1. 将糯米提前放入水中浸泡12小时。

2. 取出，沥干水分倒在干燥的绢布上，收口包住糯米，再用力揉搓，将糯米搓碎。

3. 用潮湿的绢布将搓碎的糯米包裹住，放入蒸笼内，盖上盖子，使用大火蒸15分钟至半熟状态。将糯米取出，平均分成两份。

4. 称两份各100克的沸水，分别加入色素，调制成淡红色和淡蓝色。

5. 将调制好的色素分别倒入糯米内，混合搅拌均匀，并将表面抹平，中间高四周低。将糯米表面贴上一层保鲜膜，常温放置1小时。

6. 将糯米包上白布，放入蒸笼蒸10分钟，取出倒入盆内。

7. 将上白糖分次加入糯米内，混合翻拌混匀（加入上白糖起到保湿作用）。

紫苏馅

将红豆沙和紫苏调味料倒入盆内，混合搅拌均匀；每个15克，搓圆。

组合

1. 在桌面铺上保鲜膜，将外皮分成30克/个，搓圆（在接触外皮时，手上沾上水，防止外皮粘手）。

2. 将外皮压扁，将紫苏馅放在表面，按压旋转包裹住紫苏馅。

3. 在木鸡蛋的凸点上沾一些水，在包好的紫阳花饼上压出凹槽。

4. 将紫色锦玉羹取出，切成大小均匀的方块状。

5. 将切好的紫色锦玉羹，放入紫阳花饼凹槽内。

6. 将剩余的透明的锦玉羹加热至50℃，挖一勺均匀涂抹在紫阳花饼表面。

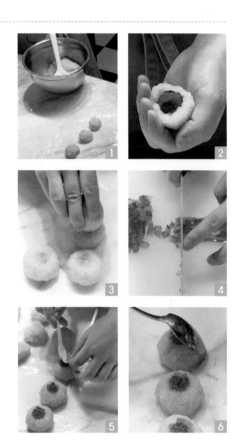

葛馒头

葛馒头又称水馒头、水仙馒头，在中国也有水晶包子的叫法。其外部的呈现颜色与内部馅料之间有关系，外皮基本上以透明的葛粉制品为主。本次制作中使用的是梅馅，颜色粉嫩，用葛粉外皮包裹后，通过蒸制变透亮。夏天时冰镇口感更佳。

配方 <成品量27个>

葛粉……90克

凉开水……450克

幼砂糖……270克

馅料: 梅馅

馅料: 梅馅

白豆沙……450克

水……适量

梅干泥（过筛）……20克

葡萄糖浆……20克

粉色色素……适量

制作过程

1. 馅料制作：将白豆沙和水放入铜锅中，加热煮至泥状，加入梅干泥。

2. 加入一滴粉色色素和葡萄糖浆，用木铲拌匀。

3. 继续加热，并用木铲不停地搅拌，煮至混合物更黏稠，离火。

4. 用木铲盛起馅料，每个约15克放在木板上，放凉。

5. 用手将馅料搓圆，备用。

6. 葛粉皮制作：把葛粉倒入铜锅中，分次加入水，用手搅拌均匀。

7. 搅拌至葛粉溶于水中即可。

8. 加入砂糖，稍稍搅拌，用中火加热。

9. 并用木铲不停地搅拌，至整体呈现半熟的状态（不要完全煮透明）。

10. 组合：将葛粉皮称量出30克/个，放在透明玻璃纸上，并将皮稍稍按扁。

11. 在中心处放上内馅。

12. 拾起透明玻璃纸，并将葛粉皮包裹住内馅，用皮筋包紧接口，放蒸锅上，蒸20分钟。

13. 蒸熟后，取出成品，连着玻璃纸一起放入冰水中，快速冷却。

14. 完全冷凉后，取出，除去玻璃纸。

15. 将葛馒头放入纸模中即可。

秋季和果子

秋

之叶

秋来
菊香
露白

秋霜倚红叶
叶落花满怀

八月

叶月　桂月　仲秋
木染月　雁来月

常用季语	节气
调布　中元	立秋
苔衣　晒衣	8月6日－8月9日
桔梗　残暑	处暑
冰室　白露	8月22日－8月24日

立秋：暑气开始减弱，农历中秋季的开始

处暑：暑气散尽，初秋来临

九月

长月　菊月
玄月　高秋

常用季语	节气
重阳　观月	白露
月见团子　秋山	9月7日－9月8日
初雁	秋分
秋色	9月22日－9月24日

白露：渐入深秋，清晨开始结露

秋分：北半球夜开始变长

十月

神无月　时雨月
玄英　阳月　初霜月

常用季语	节气
落雁　落水	寒露
菊衣　晚秋	10月7日－10月9日
菊花饼　栗子	霜降
	10月23日－10月24日

寒露：深秋时节，清晨的露水开始成露珠

霜降：开始下霜，红叶漫山

山　路

每一个季节都可以用果子做出"山路"来，春季的山路该是粉红和浓绿，秋季的则是灰色和红色：万物丛木皆暗，红叶满秋山。本次制作中用栗子来做底部灰色的羊羹，季节感更加强烈，中部和顶部使用蒸的坯底，黄色也是秋天叶落的颜色，在这里也起到灰色和红色之间的过渡作用。

配方 <成品量根据后期切割的大小而定>

栗蒸羊羹

细豆沙馅（红）……345克

低筋面粉……23克

盐……1克

葛根粉……6克

水……50克

糖水栗子……240克

山路

细豆沙馅（白）……190克

鸡蛋……115克

细砂糖……15克

细砂糖……40克

低筋面粉……21克

上用粉……10克

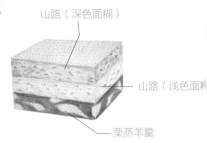

山路（深色面糊）

山路（浅色面料）

栗蒸羊羹

制作过程

栗蒸羊羹

1. 将水倒入葛根粉中，搅拌均匀。

2. 倒入过筛的低筋面粉和盐中，并用力搅拌，让混合物黏性增大。

3. 过滤，倒入红豆沙中，并搅拌均匀。

4. 将栗子切碎倒入，搅拌均匀。

5. 倒入羊羹模具当中，用橡皮刮刀铺平。

6. 将潮湿的棉布用力拧干，铺在羊羹上边。放在装有沸水的蒸笼上大火蒸40分钟即可。

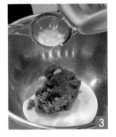 

小贴士

铺在羊羹上边的棉布是为了防止锅盖上的水蒸气滴落，破坏了羊羹的形状。

山路

1. 将鸡蛋中的蛋黄放入白豆沙中，搅拌均匀之后加入黄色和红色色素，调成蛋黄的颜色。

2. 加入15克细砂糖，搅拌均匀，备用。

3. 再单独打发蛋清，打发到尖角状态后，将40克细砂糖分4次加入其中，继续搅拌打发，做成蛋白霜。

4. 将蛋白霜分次加入"步骤2"中，轻轻搅拌（不用搅拌均匀），加入红色和黄色色素成淡橘色，轻轻搅拌均匀。

5. 加入过筛的低筋面粉和上用粉，搅拌均匀。

6. 称出适宜的重量，铺到栗蒸羊羹上至约1厘米厚。

7. 整体放到蒸笼里边蒸15分钟。

8. 在剩余的面糊中加入黄色和红色色素，搅拌均匀，调成橘黄色。

9. 将"步骤8"倒入蒸好的"步骤7"上，铺平，再放入蒸笼中蒸20分钟，即可取出，晾凉、切块。

一叶落，而知秋。本次制作中用浅黄和
深黄来制作叶片，叶子不追求薄，而在
于其本身颜色及叶形的形似，可以包裹
深色的馅料，本次使用的是红豆粒。

落 叶

配方　<成品量1个>

浅黄色练切（红色和黄色色素）……22克

深黄色练切（红色和黄色色素）……2克

豆沙馅……少许

大纳言红豆粒……若干

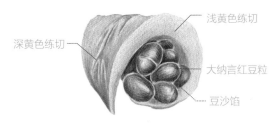

浅黄色练切

深黄色练切

大纳言红豆粒

豆沙馅

制作过程

1. 取少许豆沙，揉圆之后，在豆沙上粘上
   大纳言红豆作为内馅（12克/个）。

2. 将浅黄色和深黄色的练切分别揉圆，将
   深黄色练切放在浅黄色练切上边并将边
   界模糊化。

3. 将练切揉成水滴状，比较光滑的一面朝
   上，将整体按压在带叶子花纹的干筋板
   上，边按压边调整形状，并将边缘按薄。

4. 将练切取下，花纹面向外，在内面放入
   步骤1的食材。

5. 将叶子尖向侧边卷起来，用练切半包住
   内馅。

6. 将靠近叶子尖部的地方稍微按压，使其
   稍微往上翘即可。

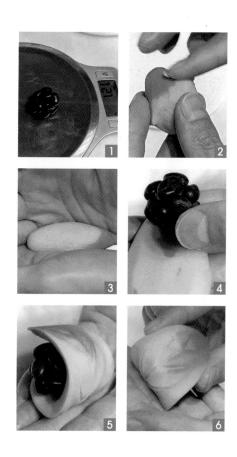

红 叶

秋天的叶子都有千种风情、万般模样，每一面都可以用果子来制作。本次制作用橙色和黄色两种练切，用粘晕的方式做出整体自然过渡色彩。

配方 <成品量3个>

黄色练切……45克

橙色练切……45克

红豆沙馅……45克

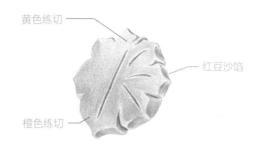

黄色练切

红豆沙馅

橙色练切

制作过程

1. 将黄色练切、橙色练切、红豆沙馅分别分成三等份搓圆待用。

2. 将两种颜色的练切搓成圆柱状合在一起，压扁；将接口沾水由橙向黄涂抹至无痕迹线。

3. 将无痕迹线的一面向外，包好红豆沙馅后，封口向下，按压成圆润的扁圆形。

4. 将包好红豆沙的练切用三角棒均匀分切出7个切痕，再用左手拇指、食指和右手拇指一起捏出叶尖。

5. 使用牙签在表面由外向内划出叶脉。

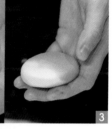
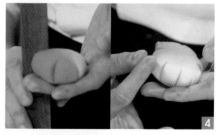
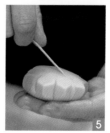

晕　染

本次采用的是千筋板来制作叶片纹理。

配方 ＜成品量1个＞

黄色练切馅……30克

红豆沙馅……15克

橙色练切……2克

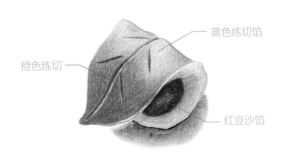

黄色练切馅

橙色练切

红豆沙馅

准备

将黄色练切平均分成两等份。

制作过程

1. 取15克黄色练切搓圆压扁，再将整体的1/3压出压痕。

2. 将橙色练切搓圆柱形，边缘一侧压扁，放在黄色练切上，将两者接口捏平整。

3. 将整体反扣在掌心，将剩余15克黄色练切搓圆放在表面，慢慢收口，包裹住黄色练切。

4. 先将整体搓成圆柱状，再将两头搓成尖端，橘色部分朝下。

5. 将练切放在叶子形的千筋板上，按压平整，四周薄中间厚，再将边缘修饰整齐。

6. 将模具反扣脱模，取下叶子。

7. 将红豆沙搓圆，放在叶子背面1/3处，弯折剩余的2/3盖在表面，用手将边缘拨动自然即可。

小贴士

在操作过程中练切易变干，不用的练切使用保鲜膜包裹住，防止水分流失。

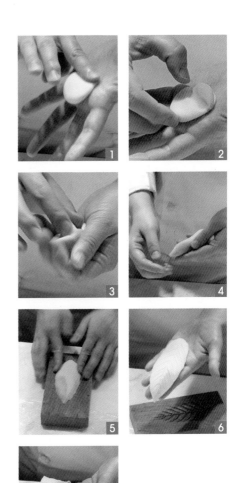

亥子饼

农历十月为亥月。日本在亥月的第一个亥日会举办亥猪之祝，野猪因其多子，而被看作是神使，寓意多子繁荣。所以在当日会食用亥子饼，亥子饼多做成猪的身形，内部包入豆沙馅，外部装饰黑芝麻。

配方 <成品量24个>

求肥外皮

白玉粉……100克

水……200克

上白糖……200克

粗豆沙馅……100克

肉桂粉……6克

黑熟芝麻……适量

芝麻馅

红豆沙馅……600克

黑熟芝麻……适量

求肥外皮

芝麻馅

准备

提前在烤盘内筛上淀粉（配方外）。

制作过程

求肥外皮

1. 将白玉粉倒入盆内，分次加入水搅拌均匀，搅拌至完全化开没有结块。

2. 大火加热白玉粉，从锅的底部往上翻拌均匀，不停搅拌防止粘锅底，熬制黏稠。改小火，从底部不停翻拌，熬制表面光亮。

3. 将上白糖分三次加入锅内，搅拌均匀至融化，熬制白玉粉表面光亮有很强的韧性。

4. 加入粗豆沙馅、黑熟芝麻、肉桂粉，搅拌均匀。小火炼制，将求肥提起后会有慢速的流动性，表面光亮有韧性即可。

5. 将求肥外皮倒入铺有土豆淀粉的烤盘内，表面粘上土豆淀粉，分割成20克/个。

芝麻馅

将黑熟芝麻倒入粗豆沙馅内，搅拌均匀，搓成25克/个的圆球，根据个人口味加入黑熟芝麻。

组合

1. 将外皮压制成厚度均匀的圆薄片，将光亮的一面朝外，将芝麻馅放在外皮中间点，旋转整体，按压芝麻馅，慢慢收口外皮，将芝麻馅包在内，搓成鸡蛋的形状。

2. 使用毛刷将表皮土豆淀粉刷除干净，加热铁签，在表面划上三道切口。

菊 花

秋菊是艳丽的、多彩的、千变万化的。本次制作带给大家三种形式的菊花，制作方法不同、形态也不同，可依据手中工具的不同采用不同的制作方法，基本食材都是练切和红豆沙。

配方　<成品量1个>

菊花一

黄色练切……15克

橙色练切……15克

白色练切……15克

红豆沙馅……15克

菊花二

粉色练切……20克

白色练切……15克

红豆沙馅……15克

黄色练切……适量

菊花三

橙色练切……15克

红色练切……20克

红豆沙馅……15克

红豆沙馅……20克

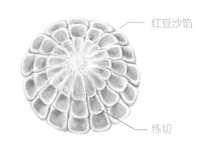

红豆沙馅

练切

制作过程

菊花一

1. 将黄色练切与橙色练切不均匀掺兑在一起，搓圆。

2. 将白色练切先搓圆，再压扁，表面再放上橙黄练切，慢慢收口包裹住并搓圆。

3. 将包制好的练切压扁，将红豆沙馅搓圆放在表面，慢慢收口包裹住，并搓至成圆形馒头状。

4. 将中心点找出，使用三角棒对半平均分成十六等份。

5. 用豆形棒在每等份中间段垂直往下推出花瓣，同样的手法，做三层花瓣。

6. 取少量的黄色练切，压出圆形，粘在中心点，用花型纹路棒压出纹路。

菊花二

1. 将粉色练切揉至软硬度均匀，搓圆；白色练切揉至软硬度均匀，压扁。将粉色练切放在白色表面，慢慢收口包裹住，搓圆。

2. 将练切压扁，表面放上红豆沙馅，慢慢收口包裹住，并搓至成圆形馒头状。

3. 将练切表面找好中心点，并压出花芯位置。

4. 用剪刀围绕花芯均匀剪出花瓣，花瓣一层比一层大，每一瓣花瓣在上一层两瓣中间处剪切出来，最后再花芯位置按压上黄色练切。

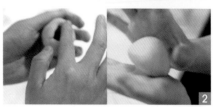

菊花三

1. 将橙色练切搓圆，压扁；红色练切搓圆，放在橙色练切上，慢慢将橙色练切收口，包裹住红色练切，搓圆。

2. 将练切压扁，红豆沙放在表面，慢慢将练切收口，包裹住红豆沙，并搓成圆馒头的形状。

3. 用剪刀围绕底层由下往上剪切出花瓣。（剪切的每一瓣花瓣，都在上一层两瓣花瓣中间处），花瓣每层都比上一层小一号。

4. 剪切好的菊花使用毛刷将表面刷平整。

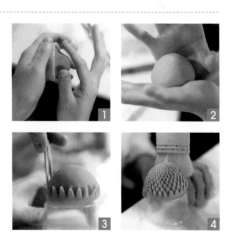

角金锷

锷这个词意指刀的刃，也指刀的护手，最初的金锷是圆形的，后来经过改良变成了方形，为了尊重传统，名字也变成了角金锷。

配方　<成品量24个>

栗子豆沙金团馅

寒天粉……6克

水……380克

幼砂糖……85克

粗豆沙馅……720克

栗子切碎……170克

食盐……2.5克

外皮

白玉粉……40克

水……230克

幼砂糖……40克

低筋面粉……160克

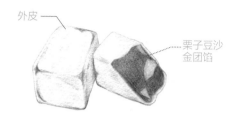

外皮

栗子豆沙
金团馅

制作过程

栗子豆沙金团馅

1. 热锅，将水加入锅内，将寒天粉撒在水上，煮至寒天粉沸腾化开。

2. 将幼砂糖加入锅中，搅拌化开。

3. 将粗豆沙（带皮粗豆沙）加入锅内，切拌化开。

4. 将栗子切成小颗粒，加入锅内，搅拌均匀，练至黏稠、有光泽、纹路容易消失。

5. 将盐中加少许5克水（配方外水）搅拌融化；将盐水倒进煮好的豆沙中，搅拌均匀。

6. 将豆沙馅料倒入模具中，冷冻凝固后，取出，切成小块状，每个宽3厘米、长4.5厘米。

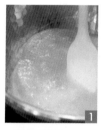

外皮

1. 将白玉粉放进盆内，分次加入200克水，搅拌均匀。

2. 将幼砂糖、低筋面粉混合过筛均匀，倒入白玉粉中，搅拌均匀，不要结块。

3. 将剩余的30克水加入，调节浓稠度，呈面糊状，倒入烤盘内待用。

组合

1. 将栗子豆沙金团馅一面沾上一层外皮面糊，放在平底锅内小火煎制。

2. 煎好一面后，拿起，将另一面沾面糊，继续小火煎制，直至六面全部煎完即可（颜色微黄即可）。

桔 梗

桔梗盛开从夏至秋，每个季节都有其独特的表现手法。夏季可以用寒天或米糕制作，秋季则可以直接用练切。紫色的练切包裹红色豆沙，用三角棒刻出纹路，用手捏出花尖，抹出花瓣，是手作的艺术之美。

配方 <成品量1个>

淡紫色练切……30克

红豆沙馅……15克

白色练切……3克

淡紫色练切……适量（花蕊使用）

白色练切

淡紫色练切

红豆沙馅

制作过程

1. 将淡紫色练切搓圆压扁，表面放上搓圆的红豆沙馅，按压红豆沙并旋转整体，慢慢收口练切包住红豆沙，搓圆接口朝下。

2. 将白色练切搓圆，按压在紫色面团表面，将接口捏至融合为一体，整体搓圆润。

3. 将整体稍微压扁，将双手"V"字形打开，来回搓动成圆润的锥形。

4. 使用三角棒在表面标记一个中心点，再围绕整体侧面压出五道均等的切痕。

5. 将潮湿的绢布铺在练切表面，将绢布撑开，使用竹签在标记的中心点按压出凹槽。

6. 将每个均等的面使用食指向外推压做出花瓣。

7. 再将花瓣外侧捏出尖角。

8. 将淡紫色练切在网筛上压出花丝，使用竹签取少量放在练切凹槽处即可。

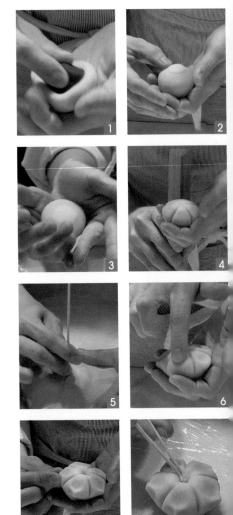

小贴士

在操作过程中练切易变干，不用的练切使用保鲜膜包裹住，防止水分流失。

烧 芋

秋季是一个收获的季节，番薯是其中一个代表作。用番
薯制作成馅料，包裹上外皮，是果子的常见做法。本次
制作中是通过烘烤使果子成熟的，是比较现代的做法。

配方 ＜成品量20个＞

金芋馅

番薯……200克

白豆沙……200克

黄油……12克

幼砂糖……20克

蜂蜜……10克

水……30~40克

外皮

低筋面粉……100克

上白糖……50克

全蛋……40克

黄油……12克（室温软化）

蜂蜜……4克

泡打粉……1克

其他

肉桂粉……适量

蛋黄……2个

味淋……10克

黑芝麻……少量

外皮 ——————— 黑芝麻

—— 金芋馅

制作过程

金芋馅

1. 将番薯提前放入水中浸泡20分钟，取出，去除表皮，切成小块。放入蒸笼内，小火加热蒸熟。

2. 将番薯取出，放在反扣的网筛上，使用木铲按压、过筛番薯，备用。

3. 将白豆沙、番薯、幼砂糖、水放入铜锅内，中火加热炼制3~4分钟。

4. 加入黄油、蜂蜜，继续加热搅拌炼至浓稠。

5. 将炼制好的金芋馅取出，分块放置冷却；冷却后分割40克/个，并搓圆。

外皮

1. 将全蛋搅拌打散，倒入上白糖内，混合搅拌在一起（全蛋无需打发）。

2. 加入黄油、蜂蜜，混合搅拌均匀，隔水加热搅拌融化黄油和上白糖。

3. 取出，放入冷水内搅拌降温。

4. 冷却后加入过筛的低筋面粉和泡打粉，翻拌均匀。

5. 在面糊取出，放在手粉上翻折调整软硬度；将外皮分割成20克/个。

组装

1. 将外皮压成扁圆形，将金芋馅放在表面，旋转按压金芋馅慢慢收口外皮将金芋馅包住。将包好的烧芋去除表面手粉，并搓成椭圆形。

2. 再将表面粘上一层肉桂粉。

3. 使用线将烧芋倾斜对半切开，将斜切面朝上，放置在烤盘内。

4. 在蛋黄内加入味淋，混合搅拌均匀，刷在烧芋斜切面上。

5. 在刷好蛋液的烧芋表面放上少许的黑芝麻，放入烤箱，以上火170℃、下火110℃，烤13分钟（家用烤箱使用180℃）。

芋金团

芋金团的基础做法是将番薯蒸熟后，过滤成细腻状，再与
葡萄糖浆混合成团状，用布巾绞的方法做出形状，是日本
茶事中常见的一种果子。本次制作中加入了黄味馅和豆沙
馅，给芋金团带来了更多的丰富口味，制作手法依然是用
绢布捏出自然的形态。

配方   <成品量13个>

外皮

番薯（蒸完过筛）
……300克

葡萄糖浆……约40克

盐……1克

黄味馅

白豆沙……270克

蛋黄……2个

无盐黄油……30克

内馅

红豆沙馅……380克

外皮（黄味馅包含番薯）

红豆沙馅

制作过程

外皮

番薯处理

1. 将番薯切至1厘米左右的圆片。

2. 将切好的番薯片放在清水中浸泡清洗，去除表层淀粉。

3. 将洗好的番薯取出，放蒸笼隔水蒸熟（蒸笼内铺一层白布）。

4. 将蒸好的番薯去除表皮，放在网筛上，网筛下面放一块白布，用木铲按压过滤，将过滤好的番薯揉成团，放入冰箱冷藏。

5. 将番薯内依次加入葡萄糖浆、盐，翻揉均匀，包裹起来待用。

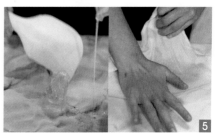

黄味馅

1. 在白豆沙内加入蛋黄，搅拌均匀。

2. 将搅拌好的白豆沙放在蒸笼内（蒸笼表层铺一层毛巾，毛巾上铺一层保鲜膜）隔水蒸20分钟。

3. 在蒸好的白豆沙内放上无盐黄油，混合搅拌均匀。

4. 加入处理好的番薯，混合揉匀。

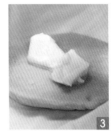

红豆沙馅

将红豆沙馅分成15克/个，搓成圆形。

组合

1. 将外皮分成25克/个，搓圆，压扁后放入红豆沙馅，旋转按压红豆沙馅，并慢慢收口外皮包住红豆沙馅，搓圆。

2. 将手中放一块湿的绢布，将搓圆的外皮团放在绢布上，包裹住并旋转收口，用食指与大拇指在中间处，稍微捏扁整形。

3. 完成后，取出芋金团即可。

冬 季 和 果 子

冬

之 韵

冬至
青松
白雪

红梅伴夜话
雪落等春来

一月		十二月		十一月	
睦月 太郎月		师走 极月 腊月		霜月 仲冬 黄钟	
初春月 青阳 阳春		大吕 乙子月		六吕 神乐月	
常用季语	节气	常用季语	节气	常用季语	节气
初会 小正月 初市 初音 松雪 初雪	大寒 小寒 1月19日—1月21日 1月5日—1月6日	夜话 事始 腊梅 冬至 寒菊 银杏	冬至 大雪 12月21日—12月23日 12月7日—12月8日	新茶 时雨 红叶 立冬 落叶	小雪 立冬 11月22日—11月23日 11月7日—11月8日
	进入冬季最冷时节 一年中最冷的日子		寒冬来临，雪花纷飞 北半球的夜最长的日子		草木开始枯黄，农历中冬天的开始 树叶开始凋零，初雪来临

一品红

一品红种类繁多，颜色鲜艳，它还有一个别称是"圣诞红"。本次制作中用白色练切来做对比色，更加突出了叶片的红色。牙签是叶茎的主要小工具，画出的效果深刻清晰，当然，也可以用带有叶片纹路的干筋板来制作。

配方 <成品量1个>

亮红色练切……25克

白色练切……5克

红豆沙馅……15克

防潮糖粉……少量

亮红色练切

红豆沙馅

防潮糖粉

白色练切

制作过程

1. 将亮红色练切和白色练切分别搓圆。

2. 将亮红色练切压平,白色练切搓成椭圆
   长条,放于红色底部,用大拇指抚平接
   口处,让两个练切重叠在一起(作为
   正面)。

3. 将红豆沙馅搓圆,放在练切反面,旋转
   按压红豆沙馅,并慢慢收口练切包裹住
   红豆沙馅并搓成椭圆。

4. 将练切放在桌面,用手将练切收口压
   平,整体成树叶形状。

5. 将练切翻面,用三角棒修饰四周边角,
   将树叶叶尖和根部稍微捏凸显。

6. 用牙签在表面划出叶茎脉。

7. 在表面一角撒少量的防潮糖粉即可。

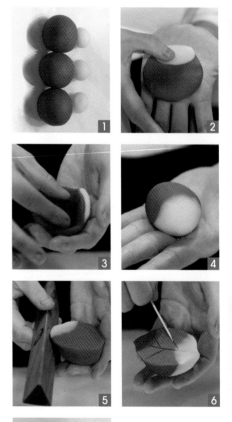

宫之铃

宫铃声响，余音袅袅，像一段逝去的年华，像一个远来的故事。静坐，冥想，思华年，盼春来。用黄色练切做主体包裹红豆沙，用红色和白色相间的练切做绳链，形态娇小、质朴，韵味绵长。

配方 ＜成品量1个＞

粉色练切……30克

红豆沙馅……15克

红色练切……少量

黄色练切……少量

红色羊羹……少量

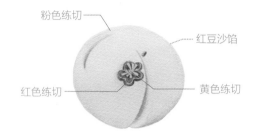

粉色练切 ──

── 红豆沙馅

红色练切 ──

── 黄色练切

制作过程

1. 将粉色练切分割成30克/个，搓圆；红豆
   沙分割成15克/个，搓圆。

2. 将粉色练切压扁，表面放上红豆沙馅，
   旋转按压红豆沙馅料并慢慢收口粉色练
   切，包住红豆沙。

3. 将练切封口向上，压平成1.5厘米的厚度；
   将粉色练切表面光滑平整的一面向上，
   放在手心，双手呈"V"字形打开，搓成
   漏斗形。

4. 使用三角棒以45°角从侧面向上压出切
   痕，作为树枝痕。

5. 将红色练切擀薄，用梅花压模切出梅花
   并装饰在树枝切痕边缘。

6. 在梅花表面使用花蕊棒压出花蕊痕迹；边缘挤上红色羊羹圆点作为花苞。

7. 将黄色练切放在网筛上，按压出丝，作为花芯。

8. 取适量的花蕊拼粘在梅花中心点作为花芯。

小贴士

羊羹

配方

寒天粉……1.5克

白豆沙馅……150克

水……150克

红色色素……适量

制作过程

将寒天粉加入水中搅拌融化，加入白豆沙馅，煮至黏稠。再加入红色色素，调制出红色羊羹作为配件使用。

苹果年糕

年糕是日本新年必备的传统食品之一，通常被做成各式糯米团子，在外层蘸黄豆粉、萝卜蓉等，本次制作中使用的是肉桂粉和土豆淀粉。造型上也较小巧，可以当作小零食。

配方

〈 成品量近1800克 〉

白玉团子

  白玉粉……300克

  水……600克

  细砂糖……200克

  葡萄糖浆……50克

馅料

  苹果干……200克

  朗姆酒……70克

  水……200克

装饰

  肉桂粉、土豆淀粉……适量

肉桂粉、土豆淀粉

准备

将200克苹果干放入锅中，用200克水和70克朗姆酒煮软。

制作过程

1. 将白玉粉放入铜锅内，分次加入水，先搅拌成团，后稀释，放进蒸笼，蒸20分钟（也可以直接练，因量大可先蒸再练）。

2. 取出蒸好的白玉粉团倒入锅中，加少许水（配方外的水），加热搅拌至顺滑状。

3. 将幼砂糖分3次加入，每次加入都搅拌均匀，最后将白玉团子练至浓绸、不粘手。

4. 将锅内加入煮好的苹果干和葡萄糖浆，搅拌均匀。苹果干提前用200克水和70克朗姆酒煮软。

5. 将混合物倒入方形慕斯模具内（模具内提前撒一层淀粉，再倒入，放止粘模具）铺平，表面撒一层面粉，放入冷冻。

6. 取出冷冻好的年糕，表层撒上少量的土豆淀粉和肉桂粉，再切成1厘米的厚度，然后放入肉桂粉中混合，使表面均匀粘上肉桂粉。

7. 将年糕放进网筛内筛去多余的肉桂粉即可。

青松、白雪、灰石，松上带雪在日本人民眼中是非常吉庆的，意指品格不畏严寒艰难。本次制作中使用绿色练切为主体，用灰色做对比色，鲜明，使绿色部位更显生机与活力。在装饰上用了蜜豆和白色絮状物。

松

配方　<成品量1个>

绿色练切……20克

红豆沙馅……15克

（稍硬）

粗豆沙馅……5克

白色练切……10克

蜜豆……2粒

白色练切……2克

金箔……少量

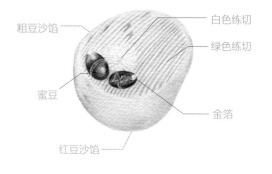

粗豆沙馅 ········ 白色练切

绿色练切

蜜豆 金箔

红豆沙馅

准备

在10克白色练切内加入粗豆沙馅，混合捏制均匀成灰色练切。

制作过程

1. 将绿色练切搓圆压扁，再将整体1/3压扁；将灰色练切搓成圆柱。

2. 将灰色练切按在绿色练切压扁的1/3处，将接口按捏形成一体。

3. 将练切反扣在掌心，表面放上搓圆的红豆沙馅，用练切包住馅料慢慢收口，搓圆。

4. 接口朝下摆放在桌面上，果子表面灰色和绿色各一半。

5. 将练切放在条纹状的千筋板上，按压出纹路。

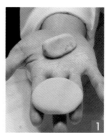

6. 双手呈"V"字形打开,将练切具有纹路面朝上,来回搓动底部,使整体成圆润的锥形。

7. 再将整体整成方形。

8. 将2克白色练切通过网筛按压出花蕊状,取出,放在方形练切两种颜色交界线表面。

9. 将花蕊边缘再放上两粒蜜豆,再在蜜豆表面点缀少量金箔。

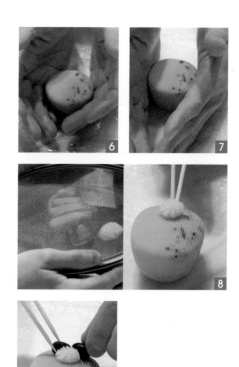

在操作过程中练切易变干,不用的练切使用保鲜膜包裹住,防止水分流失。

新　春

日本的冬季是属于白雪的，春季是属于樱花的，在
新春的过渡里，美是两个季节的色彩。本次制作中
用白色和粉色练切制作主体，用大红色和白色练切
做梅花花瓣装饰。制作手法上用的是布巾绞，绢布
拧绞形成的纹路似花非花，十分有意境。

配方 ＜成品量1个＞

主体

粉色练切……15克

白色练切……15克

红豆沙馅1……7.5 克

红豆沙馅2……7.5 克

装饰

白色练切……少量

红色练切……少量

白色练切

粉色练切

红色练切

红豆沙馅

制作过程

主体

1. 将粉色练切、白色练切揉匀，搓圆；红豆沙馅揉匀搓圆。

2. 将粉色练切压扁，包裹住红豆沙馅1，搓圆。

3. 再将白色练切压扁，包裹住红豆沙2，搓圆。

4. 将粉红色练切与白色练切对半拼粘在一起。

5. 将绢布平铺在手掌表面，将对粘在一起的练切放在绢布上，将绢布收口，包裹住练切。

6. 旋转绢布，折出练切表面纹路，食指与大拇指在根部收尾按压出按痕。
7. 打开绢布即可。

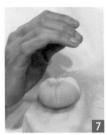

装饰

1. 将红色练切和白色练切揉至软硬度均匀，重叠在一起，用擀面杖擀至厚薄度均匀，用压模刻出两朵梅花（以红、白为面各一个）。
2. 将压好的梅花粘在练切表面，用花蕊棒在梅花内压出花蕊。

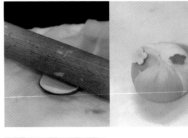

雪中花

风雪中盛开的花，该是什么模样？它的坚强是有棱角的，它的花瓣是有优美弧度的，它的颜色是洁白的，它在每个人的心中或许都不一样。本次制作中用白色练切包裹红豆沙馅制作果子主体，用手做出花瓣形状，干净而又干练，黄色的花蕊在中心点缀，简洁而又明亮。

配方　<成品量1个>

白色练切……30克

红豆沙馅……15克

黄色练切……少量

白色练切 —— 黄色练切

红豆沙馅 ……

制作过程

1. 将白色练切揉匀，先搓至成圆球再压扁。

2. 将搓圆的红豆沙馅放在练切表面，旋转
   按压红豆沙馅，并将练切慢慢收口包裹
   住红豆沙，搓成球。

3. 将包裹好红豆沙馅的练切一面压平，双
   手呈"V"字形打开，将练切平整面朝上
   搓成圆润的锥形。

4. 将表面中心点定好位置，用三角棒将面
   平均压分成六等份。

5. 用右手的大拇指与食指，以及左手的大
   拇指，将每等份捏出尖角。

6. 取黄色练切搓圆，用筷子戳出花蕊，摆
   放切痕交接的中心点。

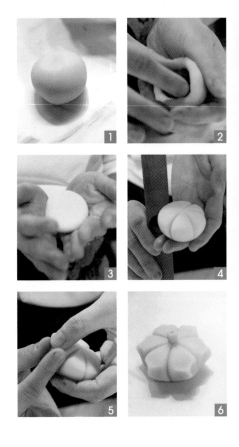

四季常备和果子

四季

铜锣烧

制作铜锣烧有一个非常经典的名词——三同割，即鸡蛋、糖和面粉的用量是相同的。铜的导热性能非常好，做铜锣烧可以用平底的铜锅。据说，铜锣烧的名字就是来自其使用工具，也有一种说法是因其外在形似乐器铜锣而得名。没有专业的器具，也可以平时用的平底锅代替，详见"棕色铜锣烧"。

配方　＜成品量20个＞

全蛋……260克

上白糖……260克

味淋……13克

蜂蜜……26克

水……80克

苏打粉……1.6克

低筋面粉……260克

馅料

红豆粒馅……900克

水……适量

葡萄糖浆……25克

面皮

红豆粒馅

制作过程

1. 馅料：先将红豆粒馅与水放入铜锅中，加热煮制（不要太黏稠）。

2. 加入葡萄糖浆，搅拌使其更有黏性。

3. 离火，倒入盛器中，晾凉备用。

4. 面皮：将全蛋在盆中拌匀。

5. 加入上白糖拌匀（不要打发）。

6. 加入味淋和蜂蜜拌匀。

7. 加入80克的水和苏打粉拌匀。

8. 加入过筛的低筋面粉，拌匀至无颗粒即可。

9. 盖上湿毛巾，静置30~40分钟。

10. 加热铜板，舀上一勺面糊放在铜板上，待面糊上有小气孔即可翻面。

11. 待两面煎熟后，即可拿起，放在一旁晾凉。

12. 最后舀上熬好的豆沙馅夹在两片面皮中间即可。

本次制作使用的是家常的平底锅，面坯较厚，可根据家用锅的使用性能来选择面糊的煎烤厚度。

棕色铜锣烧

配方 <成品量20个>

全蛋液……300克（6个全蛋）

上白糖……270克（提前过筛）

蜂蜜……24克

清酒……24克

小苏打……6克

低筋面粉……300克（提前过筛）

水……约150克

色拉油……适量

粗豆沙……适量

面皮

粗豆沙

制作过程

1. 将全蛋液倒入盆内，混合搅拌均匀，将上白糖倒入全蛋液内，混合搅拌均匀。

2. 加入清酒、蜂蜜，混合搅拌均匀。清酒去除腥味，蜂蜜保湿、上色。

3. 加入过筛的低筋面粉，搅拌均匀（不要搅拌得太过）。

4. 使用保鲜膜将面糊包裹住，放置15分钟。

5. 在小苏打内加入少许的水混合搅拌均匀，倒入面糊内，混合搅拌均匀。

6. 将剩余的水分次加入，当面糊流动性很强可快速融合在一起即可停止加水。

7. 将平底锅加热，用厨房纸沾上色拉油在锅底擦一擦，挖一勺面糊放入煎熟；取两片铜锣烧将中间放上粗豆沙对夹在一起即可。

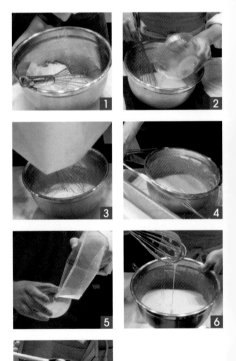

本次制作使用的依然是家常的平底锅，面糊中加入了淡口酱油，在煎烤时较易上色，煎烤时间较短，在表层会形成类似虎皮的纹路。

虎纹铜锣烧

＜成品量10个＞

全蛋……2个

低筋面粉……160克（提前过筛）

上白糖……140克（提前过筛）

小苏打……2克

葡萄糖浆……16克

淡口酱油……8克

水……90克

粗豆沙……适量

色拉油……适量

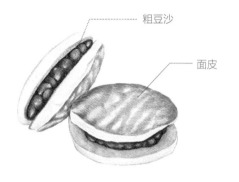

粗豆沙

面皮

制作过程

1. 将全蛋倒入盆内，混合搅拌均匀，将上白糖倒入全蛋液内，混合搅拌均匀。

2. 将葡萄糖浆、淡口酱油倒入全蛋内，混合搅拌均匀（淡口酱油增加风味，葡萄糖浆保湿）。

3. 加入过筛的低筋面粉，搅拌均匀（不要搅拌得太过）。

4. 加入一半的水，混合搅拌均匀，包上保鲜膜，静置15分钟。

5. 将剩余的水与小苏打混合搅拌均匀，加入面糊内混合搅拌均匀。

6. 将平底锅加热，将厨房纸上沾上色拉油在锅底擦一擦。

7. 挖一勺面糊放入煎熟；将做好的铜锣烧取两片，中间放上粗豆沙对夹在一起即可。

白玉团子

日本的团子非常多，著名的有白玉团子和甘辛团子。基础做法是一样的，即先将糯米制成圆球煮熟，再淋上酱汁或者蘸上粉末来食用。各类团子形似而味不同，比如说日文中的"甘"是甜的意思，"辛"是指辣。本次制作使用葛根粉制作酱汁，成品晶莹透亮。如果想要辣味，可以试着加一些胡椒或辣椒粉，糖量也要适当减少。

配方 <成品量20个>

白玉团子

白玉粉……200克

水……200克

酱汁

酱油……55克

细砂糖……60克

黑糖……65克

出汁……125克

葛根粉……17克（或者淀粉）

水……25克

制作过程

白玉团子

1. 在白玉粉内，分次加入水，揉成面团。

2. 将白玉粉面团分割成10克/个，并搓圆。

3. 将团子放入开水中煮熟（圆子浮起后再煮一分钟即可）。

酱汁

1. 将酱油、细砂糖、黑糖、出汁加入锅中，煮至黑糖化开。

2. 葛根粉（或淀粉）加水掺兑开，分次冲入"步骤1"中，勾芡，煮至酱汁浓稠，略透明状。

装盘

捞出白玉团子放入酱汁中，搅拌均匀，装入盘内，即可。

小贴士

出汁是日本料理中常用的基底酱料，将昆布和鲣鱼片放入水中煮至出色，留汤汁使用。

和风饼干

日本被称为大和民族，受其文化而产生的事物，也被称为"和风式"，类似中国的"中国风"。和风式产品古朴自然，本次制作的饼干做法简单，没有装饰，工具使用可以用家常的平底锅，也可以用电陶炉或烤箱，作为早餐或日常加餐食品，都是非常便捷实用的。

配方 <成品量30个>

黄油……70克

幼砂糖……120克

全蛋液……1个（55克）

盐……4克

小苏打……2克

水……适量

花生（碾碎）……80克

低筋面粉……220克

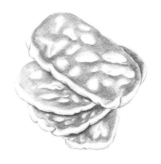

制作过程

1. 将黄油隔水融化。

2. 将砂糖过筛，加入黄油内，搅拌至幼砂糖充分融化。

3. 将全蛋液用叉子不断挑起蛋液，搅拌均匀（为了不断将空气冲入进去），将蛋液分3～4次加入"步骤2"，充分混合均匀。

4. 放入盐、小苏打（加水融化后加入），搅拌均匀；将花生碾碎加入，搅拌均匀，加入过筛的低筋面粉，用橡皮刮刀切拌均匀。

5. 在木板表面撒上少量的低筋面粉作为手粉，将面团放上面，揉成团，分割成17克/个。

6. 将分好的面团搓成5厘米圆柱形，用擀面杖擀成长9厘米、宽4.5厘米、高0.4厘米。

7. 将平底锅加热至180℃，放入饼干，将两面煎制成金黄色。

核桃饼

糯米制品的种类非常多，由其制作而成的产品软糯而富有弹性，在夏天的时候也可以利用冰箱来制作冰凉的口感。

配方 <成品量1500克>

糯米粉……300克

凉水……400克

幼砂糖……600克

酱油……50克

核桃碎……100克

葡萄糖浆……100克

黄豆粉……适量

黄豆粉 ————

准备

在模具中内壁和底部撒上一层黄豆粉。

制作过程

1. 将糯米粉倒入盆中，分次加入凉水拌匀。
2. 将混合物捏成团。
3. 用手将"步骤2"揪成小块，放入热水中。
4. 煮至沸腾，糯米团浮出水面，离火。
5. 捞出糯米团子，放入铜锅中，用小火煮，可加少许水，用木铲搅拌至光滑状态，分次加入砂糖，拌匀即可。
6. 倒入酱油，用木铲拌匀。

7. 加入葡萄糖浆，用木铲拌匀。

8. 加入烘烤过的核桃碎，用木铲拌拌匀。

9. 放入撒了黄豆粉的盘里，摊平，放入冰箱中冷藏至定形。

10. 取出，在表面撒上黄豆粉。

11. 用刀将成品切成条，每个条状上都再粘一层黄豆粉。

12. 用刀将每条成品再切成小块。

13. 最后将成品的外表全部裹上一层黄豆粉即可。

茶茶馒头

抹茶的成品形态是粉末状。在日本抹茶中，宇治抹茶最为著名。宇治是日本本州中西部城市，那里盛产优质绿茶，绿茶经过精加工产出抹茶。日本人对抹茶有特殊偏爱，认为抹茶是茶中精品。茶道中也有"抹茶道"之说。除了日常饮用，抹茶也用于日常饮食，本次用抹茶来制作红豆馅料，给日常饮食增添了丝丝淡雅。

配方 <成品量40个>

高筋面粉……20克

上白糖……102克

海藻糖……51克

葡萄糖浆……34克

抹茶酱……34克

抹茶浓缩萃取液……6克

水……94克

蛋白……12克

膨胀剂……6.8克

低筋面粉……170克

馅料

红豆沙馅……1100克

水……约100克

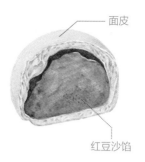

面皮

红豆沙馅

制作过程

1. 馅料制作：先将1100克红豆沙倒入铜锅中，加入适量的水（约100克），开大火煮，用木铲不停搅拌。

2. 煮至快焦时把火关小，直到豆沙馅呈尖峰状。

3. 用木铲盛起馅料，每个约27克放在木板上，晾凉。

4. 将豆沙搓成圆形，备用。

5. 面皮制作：将高筋面粉、上白糖、海藻糖、葡萄糖浆混合，分次加入水，再加入蛋白，然后加入抹茶酱和抹茶浓缩萃取液，拌匀。

6. 将膨胀剂和低筋面粉混合过筛后加入步骤5的食材中，用木铲拌匀即可。

7. 将步骤6的食材分成13克/个。

8. 组合：在面皮中包入圆形的豆沙馅，搓圆。

9. 放在蒸屉上，蒸熟即可。

黑糖具有非常独特的风味，营养价值很高，颜色较深。各地产的黑糖品质不一样，日本冲绳黑糖是非常著名的品种之一，使用时注意用量的调整。由黑糖制作而成的黑蜜水是日式甜点常用的食材，本次使用黑蜜水制作馒头，是日式常见的果子。

黑蜜馒头

配方　<成品量20个>

黑蜜

黑糖……85克

幼砂糖……35克

葡萄糖浆……15克

水……75克

外皮与内馅

低筋面粉……200克

大和芋粉……4克

黑蜜……170克

小苏打……4.5克

红豆沙馅……500克

炸制

色拉油……1000毫升

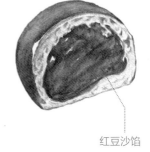

红豆沙馅

制作过程

黑蜜

1. 将黑糖切碎（黑糖不易融化，要切细腻一些），倒入锅中。

2. 将幼砂糖、水、葡萄糖浆一起加入锅中，小火煮至黑糖融化。

3. 将黑蜜隔冰水，降温冷却至30～35℃。

外皮与内馅

1. 将做好的黑蜜称170克，加入小苏打（小苏打加少许水化开），混合拌匀。

2. 取195克低筋面粉和大和芋粉混合过筛，加入黑蜜中切拌成团，切拌过程中不要让空气进入。

3. 将剩余5克低筋面粉作为手粉撒在烤盘内，将外皮面团稍微搓成团，分切称14克/个，搓圆。

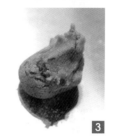

蒸制

1. 将14克的外皮面团压扁成圆形，包住28克的红豆沙馅，搓成椭圆形状。

2. 用喷壶在包制好的黑蜜馒头表面喷撒一层水，使表面光泽，并放入蒸锅中。将馒头顶部与锅盖之间铺一张白布，防止水蒸气滴落在馒头上，影响馒头外皮光泽，蒸12分钟即可。

炸制

将油温加热至180℃，将馒头放入炸至焦糖色即可。

芝麻粉球

日本人民非常喜欢食用谷物，他们认为谷物是自然给予人们最直接的馈赠。所以稻米占据日本饮食的主体地位，而其余谷物也经常作为辅食和装饰出现在各类食品中。本次制作过程类似饼干，流程中加入各类芝麻制品，粉类物质中也加入了炒过的小麦粉增加麦香。

配方 ＜成品量42个＞

黄油（无盐）……146克

上白糖……56克

海藻糖……23克

食盐……1.5克

白芝麻酱……30克

黑芝麻酱……30克

白豆沙……80克

蛋液……88克

白芝麻（炒过）……18克

黑芝麻（炒过）……18克

低筋面粉……200克

炒过的麦粉……66克

馅料

红豆沙……400克

水……约30克

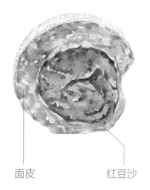

面皮　　　　　红豆沙

制作过程

1. 馅料制作：先将400克红豆沙倒入铜锅中，加入适量的水（约30克），开大火煮，用木铲不停搅拌。

2. 煮至快焦时把火关小，直到豆沙馅呈尖峰状。

3. 用木铲盛起馅料，每个约9克放在木板上，晾凉。

4. 将豆沙搓成圆形，备用。

5. 面皮制作：先把黄油放盆中搅软。

6. 加入上白糖和海藻糖，搅拌均匀，加入食盐，搅至有些发白。

7. 加入白芝麻酱和黑芝麻酱拌匀。

8. 加入白豆沙拌匀，再分次加入蛋液拌匀。

9. 加入炒过的白芝麻和黑芝麻拌匀。

10. 再加入低筋面粉和炒过的麦粉拌匀，放置20~30分钟。

11. 组合：将面团分18克/个，包入豆沙馅，搓圆。放烤箱，以上火170℃、下火160℃，烘烤25分钟即可。

果子有多种熟制做法，"烧"是其中的一种，烧在果子制作中不单单指放在火上烤的意思，也指代后来的烤箱烘烤，比如说烧果子类产品。铝箔纸是我们平常所说的锡纸，用其包裹果子一起烘烤，可以阻隔果子外皮过度上色，形成柔和的颜色。

铝箔纸烧

配方 <成品量25个>

黄油……48克

上白糖……64克

全蛋……40克

白兰地……16克

苏打粉……2.4克

杏仁粉（熟）……24克

低筋面粉……128克

馅料：黄味馅

白豆沙……670克

水……适量

蛋黄……3个

黄油……30克

白豆沙

制作过程

1. 馅料：将白豆沙和水放入铜锅中煮成黏稠状。

2. 稍把蛋黄搅匀，加入一部分"步骤1"，搅拌均匀，再与剩余的白豆沙混合，搅匀即可。

3. 开小火，将其煮开，再加入黄油，加热，使其融化。

4. 煮至黏稠后，分小块晾凉。

5. 面皮：将黄油放盆中弄软，分次加入上白糖，搅匀至打发。

6. 分次加入蛋液（以免分离），拌匀。

7. 用白兰地将苏打粉化开，加入"步骤4"中，拌匀。

8. 加入杏仁粉和低筋面粉，拌匀。

9. 用保鲜膜包上备用，放冰箱冷藏备用。

10. 取出放在撒了手粉的布上，分成12克/个，压平。

11. 组合：包上馅，搓成椭圆。

12. 包上锡纸。

13. 放入烤箱，以上火230℃、下火不加热，烘烤25分钟。

生巧大福

和果子制作历史悠长而富有诗意，它来源于生活，服务于生活，即便在科技如此发达的现代，它依然有着属于自己独特方式的新潮。本次制作的是一个现代和果子，内部馅料采用的食材是黑巧克力和炼乳馅复合制作的，口味丰富。外皮软糯，再裹上一层可可粉，与内部馅料相呼应。

配方 <成品量24个>

生巧馅

55%~58%黑巧克力……200克

鲜奶油……100克

炼乳馅

白豆沙……200克

炼乳……40克

水……适量

外皮

白玉粉……100克

水……250克

幼砂糖……220克

装饰

可可粉……适量

白油……适量

可可粉

黑巧克力

白豆沙

制作过程

生巧馅 ....

将鲜奶油加热至80℃，放入55%~58%黑
巧克力搅拌均匀，做成甘纳许，放凉冷凝成
形，切成15克/个的小块状，搓圆。

炼乳馅 ....

1. 将白豆沙放入铜锅内，加入适量水，小
   火加热，搅拌炒至白豆沙呈尖角状（白
   豆沙挑起不变形）。

2. 加入炼乳，继续翻炒至白豆沙呈尖角状
   （白豆沙挑起不变形）。取出，放凉后，
   分割成10克/个，包制生巧馅，搓圆。

外皮

1. 将白玉粉放入铜锅中，分次加入水，每次加入都要使水均匀融合在白玉粉内，直到捏至成团即可。

2. 成团后，将剩余的水加入，将白玉粉搅拌成面糊状。将白玉粉面糊用小火加热，炼制白玉粉成团（在炼制的过程中需要不停地搅拌）。

3. 分次加入幼砂糖，搅至顺滑（如果面团太硬，加适量水调节）。

4. 将油纸上涂抹一层白油（防粘），将做好的外皮倒在油纸上，将手上涂抹上白油，将外皮分割成20克/个。

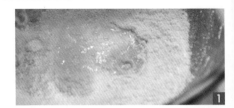

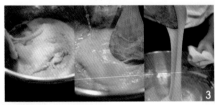

组合

将外皮压扁，包上炼乳馅，收口，并搓圆；表面粘上一层可可粉。

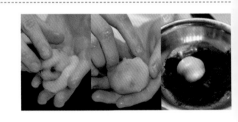

巧克力馒头

馒头的制作方式非常多，常见的有蒸、烧（烘烤），本次制作使用的是烘烤，属于烧果子一类。烘烤过后表面成灰色，古朴自然，顶部装饰是果干和白巧克力。如果时间富余，可以与朋友或孩子将馒头捏制成多种卡通样式，非常有趣！

配方 ＜成品量24个＞

馒头外皮

低筋面粉……160克

可可粉……12克

上白糖……80克

全蛋……100克

黑巧克力……24克

蜂蜜……16克

小苏打……3克

水……少许

炼乳馅

白豆沙……600克

炼乳……60克

水……少许

装饰

白巧克力……适量

蔓越莓干……适量

葡萄干……适量

蔓越莓干 / 葡萄干 / 白巧克力 / 可可粉

制作过程

炼乳馅（30克/个）

1. 将白豆沙倒入铜锅内，加入少许的水，小火加热并使用木铲搅拌炼至白豆沙浓稠。

2. 加入炼乳，继续加热翻拌。

3. 蒸发一些水分，至整体呈半凝固状。

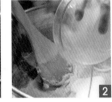
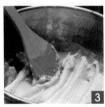

馒头外皮（15克/个）

1. 将全蛋混合搅打均匀，上白糖过筛。

2. 将全蛋分次加入上白糖内混合搅拌均匀，加入蜂蜜，混合搅拌均匀。

3. 将混合的材料放入80℃热水内隔水加热搅拌融化上白糖，取出，放置待用。

4. 将黑巧克力隔水加热融化，倒入"步骤3"中，翻拌均匀；再放置冷水中隔水降温至30℃左右。

5. 将小苏打内加入少许的水，掺兑均匀，倒入"步骤4"内，再加入低筋面粉、可可粉，混合翻拌均匀。

6. 将低筋面粉撒在烤盘内作为手粉（配方外），将"步骤5"取出放在烤盘上，用手揉制一下使其不粘手。

组装与装饰

1. 将馒头外皮分割成15克/个，炼乳馅分割每个30克，搓圆。将馒头外皮压扁，表面放上炼乳馅，用外皮包住内馅，揉圆。

2. 包上保鲜膜，放入冰箱冷藏冷却，取出食用毛刷将表面粉类刷掉，表层喷上一层水。

3. 将巧克力馒头放入烤箱，以上火180℃、下火120℃，烤10～15分钟，取出放置网架上冷却。

4. 将巧克力馒头表面沾上融化的白巧克力，趁巧克力没有完全凝固在表面放上葡萄干和蔓越莓干作为装饰。

兔子馒头

山药又称薯蓣，所以由其制作而成的馒头，又称薯蓣馒头；大和芋是日本的高产山药品种，营养价值很高，芋粉可以直接与水混合成山芋泥，常用做果子外皮。本次制作中依照产品的颜色，在装饰上尽可能表现出兔子的形状。

馒头外皮

水……75克

大和山芋粉……25克

上用粉……130克

上白糖……180克

红色色素……少量

草莓巧克力馅

白豆沙……600克

白巧克力……75克

炼乳……15克

35%淡奶油……75克

脱水草莓干……适量（根据口味添加）

准备

蒸笼放入蒸锅内，加热至蒸汽上来。

制作过程

草莓巧克力馅

1. 将35%淡奶油、白巧克力倒入铜锅中，加热搅拌至白巧克力融化。

2. 加入白豆沙、炼乳，小火加热翻拌熬至浓稠（需要不停地翻拌，防止底部焦煳），将脱水草莓干加入，搅拌均匀，取出冷却，再分割成30克/个，搓圆。

馒头外皮

1. 在大和山芋粉内分次加入水，混合搅拌均匀。

2. 加入上白糖，旋转搅拌均匀。可加少许红色色素进行调色。

3. 将上用粉平铺到盆内，将混合的面糊倒入盆内，将边缘面粉不断翻折到面糊的中心点，直到上用粉全部粘在面糊内。

4. 将做好的馒头外皮分割15克/个，搓圆。

组合

1. 将馒头外皮压扁，呈中间厚、四周薄，在中间处放上草莓巧克力馅，用皮包裹住馅，使整体搓成鸡蛋的形状，表面多余的粉使用毛刷刷掉。

2. 使用毛刷蘸取粉色面糊，在面团表面刷上两点做眼睛（见小贴士）。

3. 在蒸笼内先铺一层白布，再放一张油纸，将兔子馒头摆放在里面，悬空铺上一层白布，再盖上盖子，大火蒸8分钟（盖子表层铺一层白布是防止蒸的过程中水滴落在兔子馒头上）。

4. 将蒸好的馒头取出，放入网架上冷却。

小贴士

粉色面糊

将水内加入少许上用粉，调制成浓稠的面糊，加入粉红色色素混合搅拌均匀。

美食文创

专注设计美食周边的文创品牌

于提升食品及周边美学

新式美食商业模式

美食精细化研发方向

独特的美食王国来自于你心动的开始

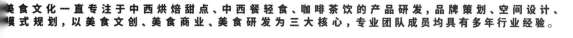

CULTURAL AND CREATIVE CUISINE

王森·
美食文创

美食文化一直专注于中西烘焙甜点、中西餐轻食、咖啡茶饮的产品研发，品牌策划、空间设计、模式规划，以美食文创、美食商业、美食研发为三大核心，专业团队成员均具有多年行业经验。

◆ **美食研发设计：**中西点烘焙系列、中西餐系列、咖啡茶饮系列、农副产品系列

◆ **美食文旅：**美食市集、美食乐园、美食农庄民宿、观光工厂

◆ **美食商业：**品牌策划、品牌VI设计、空间设计、创新的商业模式

咨询：张女士 **159 6214 5775** （微信同号）